U0336898

一点设计

设计商业与管理

[德] 萨宾娜·永宁格
[德] 尤　根·福斯特　编著
范　斐　译

同济大学出版社 · 上海
TONGJI UNIVERSITY PRESS | SHANGHAI

序

从包豪斯至今百余年来，现代设计的使命、角色、对象、方法、工具，及其行业和人才的培养无时无刻不随着技术、社会和经济的发展而产生变化。设计是继科技和市场之后驱动创新的第三种力量的说法，已经有了越来越多的支持者。

理查德·布坎南提出“设计四秩序”(Four Orders of Design) 理论框架，将设计起作用的领域划分为以下四类：符号 (symbols & signs)、有形物 (objects)、行动与事件 (actions & events)、系统与环境 (systems & environments)。[1] 也就是说，设计的对象可以是：作为符号传达意义的文字和图形，有形的产品，活动和服务，或者是环境、系统和组织。最近三十年来，设计从第一和第二秩序的符号和物世界，拓展到第三和第四秩序的行动、事件、系统与环境层面的趋势正在变得越来越明显。而设计开始在商业和组织管理层面起作用，是设计疆域拓展和范式转型的一个重要成果和标志。

在哈贝马斯的“系统 - 生活世界理论中”，经济子系统和行政子系统是现代性的标志，其主要功能是进行社会的物质再生产，即商品和服务的生产和流通，并对行为进行协调和整合(系统整合)。[2] 在现代设计早期，基于“生活世界”的经验和沟通，已经足以解释和支撑人们的创造活

[1] Richard Buchanan, “Rhetoric, Humanism, and Design,” in *Discovering Design: Explorations in Design Studies*, ed. Richard Buchanan and Victor Margolin (Chicago: University of Chicago Press, 1995), 23- 66.

[2] James Gordon Finlayson, *Habermas: A Very Short Introduction* (Oxford: Oxford University Press, 2005), 47- 61.

动;但当设计试图在商业、组织、城市等复杂社会技术系统层面起作用的时候,必须寻求新的本体论、认识论、方法论的支撑,也必须进入新的社群开展讨论。例如,布坎南在担任卡内基梅隆大学设计学院院长时,关注从物的设计向非物质设计的拓展,并将卡内基梅隆推到了世界"交互设计"研究的最前沿,后来他出任凯斯西储大学魏德海管理学院设计创新首席教授,其主要意图就是将设计的影响从专业领域拓展至商业和管理世界。

2014 年,我和布坎南参加丹麦科尔丁设计学院国际咨询委员会的时候,本书的编者之一萨宾娜·永宁格正在科尔丁任教。去丹麦前,我刚和唐·诺曼、肯·弗里曼等学者在当年的"同济设计周"发布了《DesignX 宣言》,[1]呼吁需要创造一种能够更好地面向"复杂社会技术系统"的新设计文化,也正在与肯和马谨博士筹办《设计、经济与创新学报》(*She Ji: the Journal of Design, Economics and Innovation*),[2] 因此很多讨论自然与之相关。萨宾娜是布坎南的学生,我们在一起聊天的机会就比较多。会议空闲期间,我们在科尔丁的小酒馆盘点世界各地设计教育、研究和实践的走向,都觉得发展的现状同设计面临的机遇和应该承担的使命之间还存在着巨大的落差。布坎南坦言在商学院推动设计的历程比他想象得要艰巨得多;我和萨宾娜也都觉得在传统设计学院推动设计影响向商业、组织和管理拓展,同样道路坎坷。有趣的是,这两种视角在萨宾娜·永宁格和尤根·福斯特编辑的这本书里也一样可以看到。

本书收录了设计界和经济管理界 20 位世界知名学者对设计、管理和商业的思考,包括"设计的变迁""设计商业在组织和管理领域的进展""设计思维的方法与设计商业的结合",以及"设计教育的意义、挑战

[1] Friedman, Ken, Yongqi Lou, Don Norman, Pieter Jan Stappers, Ena Voûte, and Patrick Whitney, "DesignX: A Future Path for Design," *jnd.org*, last modified December 4, 2014, accessed November 11, 2015, http://www.jnd.org/dn.mss/designx_a_future_pa.html.

[2] Ken Friedman, Jin Ma, and Yongqi Lou, eds., *She Ji: The Journal of Design, Economics, and Innovation*, accessed October 21, 2021, https://www.journals.elsevier.com/she-ji-the-journal-of-design-economics-and-innovation.

和出路”四个篇章。本书勾勒了设计应该进入的商业、组织和管理领域，并指出设计在这些新领域遨游所需要的准备以及这些新领域对设计和设计教育的影响；与此同时，学者众说纷纭、各执一词也充分表露了这是一个尚待开发、远未成熟的学术阵地。但也正因为如此，在其中的探索才特别地令人激动和具有意义。

同济大学设计创意学院在 2013 年设置了设计战略与管理、创新设计与创业两个硕士专业方向，就是为了能够更系统地在设计、管理和商业领域探索和创造新的知识。人类当下面临的诸如可持续发展、后疫情时代的疫情防控、社会和经济重启等重大挑战，不仅需要设计进入组织、管理和商业层面发挥作用，更要使设计以一种“组织化”“产业化”和“体系化”的方式在其间起作用，成为整合人类、自然、人造物系统和赛博系统实现可持续交互的新力量。[1]

从这个意义上讲，范斐副教授翻译的本书，对于我们了解“组织中”的设计，和思考如何创造“组织化”的设计力量和创新机制是有积极意义和参考价值的。对中国的设计学者而言，中国现阶段的技术、经济和社会发展特征，全球化视阈下中国文化、中国观念和中国智慧对设计如何介入商业、组织和管理，推动复杂社会技术系统变革和全社会的可持续发展的影响，以及中国可能做出的类型学贡献是特别值得我们关注的。

娄永琪 教授

同济大学副校长 / 设计创意学院院长

瑞典皇家工程科学院院士

2021 年 10 月 31 日

[1] Yongqi Lou, “Designing Interactions to Counter Threats to Human Survival,” *She Ji: The Journal of Design, Economics, and Innovation* 4, no. 4 (2018): 342–354, DOI: https://doi.org/10.1016/j.sheji.2018.10.001.

目录

引言

1 如今许多领域里的企业正面临着生存问题。当今的管理者必须反思和重新定义他们及其组织从事的业务是什么。很多商业模式虽然已经践行多年，甚至数十年，但在社会、技术、经济和环境骤变的压力下逐渐瓦解。在寻找新商业模式的过程中，许多传统工具已不再适用。在问题不明晰时，我们如何解决问题？在决策标准无从知晓时，我们如何决策？我们如何从根本上构思新的企业形式，提出新的商业模式，设想新产品和新服务，识别、发现或生成新的资源？

近年来，设计——更确切地说，设计思维和其他的新设计领域，如服务设计等——吸引了企业管理者和各类组织的目光。人们希望设计可以改善服务质量，开发创新的服务与产品。但是，这些设计驱动的项目很少探究设计是如何关联企业管理核心事务，并为之做出贡献的。尽管如此，“设计商业”的起源可以追溯到早期那些将组织的或社会的问题视为设计问题的研究，其中包括司马贺 (Herbert Simon) 的《人工科学》[1] (*The Sciences of the Artificial*, 1969) 等。[1]

司马贺坚定地认为社会规划和组织问题是设计的紧要问题，可以用设计思维和设计方法来处理。更重要的是，针对这些问题，设计是达成替代方案的必要途径。但是，司马贺将设计局限为配置、组装和重新

[1] 中文版已有多个版本，包括赫伯特·西蒙，人工科学 [M]，武夷山译，北京：商务印书馆，1987；赫伯特·A. 西蒙，关于人为事物的科学 [M]，杨辉译，北京：解放军出版社，1988；司马贺，人工科学：复杂性面面观 [M]，武夷山译，上海：上海科技教育出版社，2004。——译注

2 组装既有部件，即从备选方案中挑选出“应该”的结果，而不是揭示可能性。这种以发现为主的做法，意味着沿用既定的组织架构和业务，而不是重新展望、想象和创造组织体系。

现在回看，司马贺忽略了设计的创造和演化特征，这恰恰是设计商业[1]所需的。但是，他的确指出了设计思维和设计实践的落差，披露了专业人士推荐的决策标准鲜少在日常组织生活中应用或实施。司马贺还认识到设计是一项大众参与的活动。他观察到，“即便已有既定的计划，组织成员或社会成员也不是被动的工具，他们可以是设计师，可以尝试利用系统实现自己的目标”。[2] 令人好奇的是，人类体验和人类互动似乎并没有成为设计挑战的因素。相反，司马贺将设计的挑战仅仅视为解决交互组件和移动部件之间的不匹配问题。想要成功解决这些不匹配问题，就意味着要获得满足解决方案的配置。

司马贺最早提出组织设计和组织行为这两个与设计商业相关的概念。尽管只在“配置”组织的层面，但他也强调了“无论是商业机构，还是政府组织，抑或志愿团体等”，这些组织的配置都是“社会最重要的一项设计任务”。[3] 设计商业认可了这些设计任务的重要性，同时也对设计的本质、目的和任务提出了不同的见解。

设计商业成为一种理念，更多地归功于魏德海管理学院 (Weatherhead School of Management) 的两位学者：小理查德·博兰 (Richard Boland, Jr.) 和弗雷德·科洛皮 (Fred Collopy)。他们发现，管理作为一种职业，正处于“困难的境地”，所以发起了“像设计那样管理”(managing as designing) 的对话。[4] 通过总结司马贺设计理念的优势和不足，他们认为管理实践和管理职业需要一种设计的态度。2002 年，他们组织了“像设计那样管理”会议，这是设计商业研究领域的里程碑式事件。会后出版的《像设计那样管理》(*Managing as Designing*, 2004) 一书，与博兰所说的在管理实践和管理教育中居主导地位的“以解决问题为目标的决策态度”紧密相关。[5] 该书

[1] 设计商业，designing business，是本书的核心概念之一。为了与“商业设计”(commercial design) 作区分，本书将其译为“设计商业”，强调行动与过程。——译注

和那次会议成功地将各个领域对设计商业和管理感兴趣的研究者和从业者聚集在一起。[1]那次会议也激发了新的重要研究方向，即探究设计态度的内涵。[6]

3 理查德 · 布坎南 (Richard Buchanan) 就是其中一员，他的思想从一开始就对设计商业与管理的研究产生了深远的影响。他曾担任美国卡内基梅隆大学设计学院 (School of Design at Carnegie Mellon University) 院长，后加入魏德海管理学院。他发表的论文，如《设计思维的抗解问题》(Wicked Problems of Design Thinking, 1992)、《修辞、人文主义与设计》(Rhetoric, Humanism and Design, 1995)、《管理与设计：组织生活中的互动途径》(Management and Design: Interaction Pathways in Organizational Life, 2004)，以及他于 2008 年担任联合主编的《设计问题》(*Design Issues*)"组织变革"的特刊，都是代表性文献。布坎南将设计的含义拓展到不同的专业实践领域。同时他强调，设计关乎提升人类体验。因此，设计商业认为商业和设计二者都有着"特定"的社会属性，管理与设计的核心都是社会性的活动。[7]

在设计商业这一概念初见端倪的同时，还存在许多其他问题，比如在思考和实践"设计商业"时需要做出哪些改变。为了试图寻找这些问题的答案，本书介绍了设计商业的相关概念、方法和实践。我们认为本书最主要的价值在于两点：第一，书中的这些讨论逐渐深入，日趋成熟，这让我们深受鼓舞。回顾设计商业的早期对话，很多思考现已成熟，形成了一定的理论基础，可以通过案例研究和实践应用来阐明。本书可以让更多的读者和对这一话题感兴趣的人有机会接触这些知识。第二，现在可以从不同的学术和专业视角来研究设计，但关于什么是设计，设计体现在哪里，什么构成了商业等不同的探索仍有待讨论。

游戏和模拟领域的研究进展表明，设计问题目前围绕着是否可以通过游戏应用程序模拟商业场景来估算风险。[8] 其他进展还包括商业模

[1] 位于美国俄亥俄州克利夫兰市的魏德海管理学院开展了关于"设计和管理"的讨论。随后，分别于 2010 年在意大利米兰，2011 年在西班牙巴塞罗那，2014 年在中国无锡召开设计商业大会。读者可在以下网站查找有关设计商业大会的信息：http://www.designbusinessconference.com。

式设计及其相关研究。[9] 正如许多研究涉及设计在政策、公共管理和公共组织中承担的角色一样，[10] 在商业与管理领域中运用设计思维的大量努力都必须被视为其中的一部分。[11] 此外，还有设计和管理信息系统、[12] 设计和创业，[13] 以及创新中的设计 [14] 等方面的研究。

4 此类的研究不胜枚举——这些例子本身就说明了设计与商业的共性比我们通常认可的还要多。同时，集结在本书中的这些文章也反映出设计商业是一个新兴的研究和实践领域。从学术的视角来看，这种对设计以及设计在不同学科内和跨学科应用的强烈好奇心，使我们开始探索不同设计研究中的共性。他们讨论的关键问题是什么？如何架构研究话语？正在解决哪些问题，还有什么亟待处理？他们忽视了哪些问题？我们还要看到，批判性的思考和探究是一种需求，也是一个契机，有助于我们更全面地理解设计商业的基础和内涵。另外，为了理解目前有关设计商业的讨论，我们还要考虑到非连续性[1] 会主导某个研究领域，从而导致我们对该领域的分析存在显著断层。[15]

与此同时，我们也自告奋勇地阐述了对设计商业的看法。设计商业探讨企业是什么、做什么、代表什么，它如何开展制造某“物”的活动，如何创造价值。因此，设计商业需要理解什么才是组织的“业务”：组织关心什么，又受什么困扰？当今许多企业最常见的困扰是如何重新定位自己，以便更好地为人们及其社群服务。之所以有这样的困扰，是因为它们要改变组织文化和组织架构，从设计商业的视角来看，还要改变设计态度 [16] 和组织价值观。这说明了设计商业与人本设计之间的深层联系。此外，它还涉及可持续性和效率问题。

我们对设计商业的看法遵循这一基本思想：经营业务，例如管理，其核心是一种属于人和社会的活动。[17] 设计商业认为组织中存在设计

[1] 非连续性，discontinuity，福柯在其方法论著作《知识考古学》（*L'Archéologie du Savoir*，1969）的开篇否定了连续性思想，从政治的多变性到物质文明特有的缓慢性，分析的层次变得多种多样，有自己独特的断层；人们越是深入，断层也就随之越来越大。参见：蒋洪生，福柯．“知识考古学”及其不满 [J]. 国外理论动态，2012 (1): 86-92。——译注

活动和设计实践，但由于以管理和其他的形式出现而未引起注意，[18] 所以往往被视为理所当然，也就未被审视。[19] 设计商业旨在理解设计在商业、管理和组织中如何发挥作用。

设计商业鼓励我们从设计的视角来思考生意、企业经营及商业目的。和我们对设计的理解一样，我们对商业 (business) 的定义也随时间发生了变化；而且和设计一样，也没有一种人人认可或能认同的定义。因此，对一些人来说，这个词语仅仅意味着处于忙碌和无空闲的状态；[20] 对一些人而言，这是一种表达关怀的社会行为；[21] 另一些人则认为企业在某种意义上纯粹是一台挣钱或实现投资回报最大化的机器；然而，有些人却认为从事商业活动是人展现企业家精神和独立自主的机会。这些不同的观点有时会混淆我们对企业目的的理解，而这在不久以前，商业还仅仅是为人们生产实体货物或提供服务。[22] 对彼得 · 德鲁克 (Peter Drucker) 而言，[23] 企业的目的在于培养和维系客户。德鲁克认为，人们付钱给企业，企业为人们创造财富。但是，财富创造不只是挣钱和货币财富。在他看来，金钱是次要的，因为这仅仅认可了企业开发和交付的产品提供了一种顾客愿意购买的价值。德鲁克强调，金钱对企业很重要，但它既不是产出也不是目的。诺贝尔奖获得者默罕默德 · 尤努斯 (Mohammed Yunus) 在其著作中呼应了这一观点，他认为盈利是企业之所需，但不是目的。在尤努斯看来，企业的目的是增加社会财富。[1]

无论我们认同有关企业的哪一种观点，支持哪种企业目的，我们最看重的那个目的将影响我们的研究结论和设计。因此，设计商业本身关系着我们如何开展工作、如何设计组织的方法，以及谈及商业模式时如何理解所有组成部分及相关方面。

以这些讨论和进展为起点，我们将设计作为一门与商业高度相关的学科进行反思。我们希望本书可以为这些思考提供一个平台，推动这一新领域内理论及实践的发展。

[1] 默罕默德·尤努斯对设计商业的首次讨论也有贡献。

本书简介
The Book Chapter by Chapter

我们希望本书能对社会企业、社会创业、创新研究、设计管理、社会设计、组织设计和设计研究等领域之间迅速发展的跨学科研究有所助益。本书收录了知名设计学者和管理学者的论文，阐明了设计在商业环境中的相关性和重要性。总体来看，本书各章节讨论的重要问题、理念和原则，适用于将企业目的转变为提升人类生活品质这一情境。此外，本书介绍了设计和管理的实践、两者的共性与区别，也指出了设计在商业中的边界及其局限性。受篇幅所限，如想了解讨论的完整内容，读者们可上网查阅。[1]

6 本书分成四个部分。第一部分介绍了设计的变迁，有助于我们理解设计商业。第二部分着重说明了设计商业在组织和管理领域的进展。第三部分详细阐述了设计思维的方法与设计商业的共性，及其对设计商业的贡献。第四部分讨论了设计教育的意义，以及商业设计在商学院、管理学院和设计学院的教学挑战。

第一部分 设计的变迁

设计商业的提出标志着设计领域的重大转变。它将管理纳入设计学，将商业设计作为元学科。这也向我们提出挑战，要解释清楚我们如何理解设计中的技法、方法和艺术。

在第一篇《设计的新领域：面向行动、服务和管理》一文中，理查德·布坎南讨论了设计与管理的关系，他认为这是“设计思维和设计实践的最重要的热点”之一。他解释了在设计转向行动、服务和管理的过程中，如何把管理定位为设计学科，他指出这是“设计的又一次根本性变革”。设计与管理相互并不陌生，尽管正如布坎南所言，20 世纪 60 年代兴起的战略咨询业扭曲了商业的目的，造成了设计与管理的分歧。布坎南指出，战略咨询业出于利己主义思维，过分强调分析和利润，严重影

[1] http://www.designbusinessconference.com。

响了管理教育和商业实践，使管理者与组织的实际产品和服务渐行渐远。为了纠正和消除这些曲解对设计和设计师的影响，布坎南建议“让学生不要从学科的角度去理解专业化分工，而要从设计的角度去理解学科”。这篇文章还介绍了设计思维的多重涵义、设计处理的基本关系，分析了设计对象和商业模式的设计。

可以看出，设计能通过不同的途径对接管理，与管理相融。这不仅因为每个企业都需要一个产品，还因为设计的各个传统领域也的确需要不同的专业知识。管理领域也一样，这解释了为什么管理学院和商学院设立了金融、市场、运营、财务和组织行为等不同专业。

一些管理学院意识到管理的“对象”并不是既定的，而是被创造出
7 来的，继而大肆炒作设计思维。但是，设计思维概念模糊，范畴较广，涵盖了认知过程、想象力、创新与文化、思想和谋划等。即便这一理念可以解决一切问题，其理论框架也是很难操作的。设计思维让我们可以把“商业模式”作为设计对象的原型。

在第二篇文章中，尤根 · 福斯特（Jürgen Faust）解释了为什么“商业问题的设计就是商业模式设计”。他认为，商业的对象并不是“一个事实”（a fact），因为商业中的所有事物皆为人造物：由从事这个行业的人们制作和协商而成。因此，在商业背景下，设计与基于各种任务的商业模式设计相关。但是，为了商业模式的设计，设计不得不进行变革，正如企业随着我们采用的隐喻不同而改变。福斯特指出，一旦将组织比作机器，而不是（活的）有机体，我们的行为和动作就会改变。因为正是我们用的隐喻定义了产出的成果，商业模式和如何描述商业模式成为设计商业的当务之急。福斯特认为没有一种单一的理论能解释或阐述商业模式是什么、包含什么和做什么。他建议借鉴不同的商业模式理论，提炼共同点和特征。这篇文章将商业设计作为一门元学科，它要负责整合不同的领域。

在第三篇《论设计作为一门战略艺术》一文中，萨宾娜·永宁格（Sabine Junginger）关注了设计技法、设计方法和作为艺术的设计。她认为技法、

方法和艺术三个概念彼此相关但各不相同。为了理解设计商业，我们需要对这三个概念逐一审视。然而，人们目前常将它们混为一谈，设计技法常被认作设计方法，反之亦然。为了弄清楚技法、方法和艺术之间的区别，永宁格用三个故事分别描述了人们如何使用技法，如何运用方法调动其他人，如何将技法和方法用作战略艺术来探究不确定性。在她看来，设计作为一门战略艺术，与设计商业尤为相关。但是，她也指出，理解设计如何被用作一种技法、一种方法或一门战略艺术，是设计教育改革的关键，应将企业的角色从设计的场所转变成为设计商业机会的辨认者：企业是充满设计活动和设计机会的地方。

第二部分　组织的发展

商业活动与其组织环境密不可分。在组织内，管理者在决策和行动
8 中遭遇失败，处理不确定性和做出抉择。组织也有着悠久的设计传统和历史。因此，设计商业必须考虑组织的发展。

第二部分由小理查德·博兰的文章开篇，该文近距离审视了设计和管理中的困难。在这篇名为《设计和管理中的挣扎与奋斗》的文章中，他认为这一艰难的过程没有引起足够的重视，其创新价值也没有得到认可。他提出，原因之一是人们误解了管理者和艺术家，这源自人们对两者的简化理解：管理者仅仅关注决策，只要他们有足够的信息就很容易做出决策；另一方面，艺术家仅凭着一瞬间的灵感就可以提供完整的解决方案。博兰指出，设计行业和建筑行业一样，从业者都在艺术创作的历史积淀中挣扎和奋斗。管理项目也一样，管理者渴望创新突破但又不想冒进；设计师想给公众带来惊喜而不是惊吓，作品既超越预期又能呈现人们的渴望。博兰认为，目前商学院做出种种努力，试图提供一种更具设计导向的教育，这些正说明了这一艰难过程的价值开始得到认可。他的结论是，教育实践的改革始于研究，后者可以帮助我们理解组织中的挣扎也是为了努力创造真正的艺术。

在第五篇《三千年历史的设计商业与组织》一文中，肯·弗里德曼(Ken Friedman)介绍了文章的历史背景。弗里德曼认为，设计商业的历史可以追溯到《圣经》的前五个经卷，这些史料详细记载了以色列人如何组织公共生活、执行司法审判和举行宗教仪式，以及如何组织社会系统确保上述活动的开展。这些内容也反映在早期教会组织中，这些组织需要一种方法来维持相互关系和建立标准程序。以此类推，他认为，中国历史上的军事战略和旨在支持军队的国家经济，也是一种设计商业的形式。其他例子还包括柏拉图的希腊军事组织、伊斯兰教义中的组织事务、马基雅维利关于如何组织政府事务以实现国家繁荣的讨论。他指出，从设计的本意来看，设计是实现某个目标的过程；将这个概念放到组织方面来理解会有些困难，因为组织会呈现出组织化的无序状态，或者各种思想的松散集合，而不是一以贯之的结构。因此，他总结道，这当中也存在着问题，对设计的未来保持一定程度的悲观态度是有必要的。

9 戴维德·巴里(Daved Barry)在第六篇文章《对组织设计的再设计》中回顾了组织设计领域的发展。他指出早期的组织设计强调工程分析性，关注业务功能、业务最优化，运用效率和材料科学原理来做决策。他认为目前组织设计方面的研究已较少关注这些方面，它们关心的是问题解决、权变决策和最优解的理性思考。他指出在这一领域中有一些新思路可以探索大设计观的意义。他介绍了其中的一种方法：分析性组织设计(Analytic Organization Design, AOD)，并以此为例说明实践者越来越关注其他设计的视角、设计思维和设计师式的方法。巴里认为，组织设计开放了更多设计师式的方法，正迈向创新和发明的新篇章。结果可能与巴里所说的“创造性组织设计”(Creative Organization Design, COD)、“人本组织设计”(Human Organization Design, HOD)、“设计师式组织设计”(Designerly Organization Design, DOD)或“有形组织设计”(Tangible Organization Design, TOD)类似。然而，新方法若想取得成功，组织的设计仅为高管提供头脑风暴、原型设计或其他“获得创意”的机会是不够的。他最后总结道，只有经过一段时间的系统性测试，我们才会知道这些创新设计在什么时候发挥作用，如何发挥作用，或者根本不起作用。

第三部分　设计思维方法

提及设计商业的方法论，设计思维贯穿着本书各个部分，有着特殊地位。尽管设计思维常被视作单一概念和做法，我们还是发现了与设计商业相关的各种不同的设计思维方法。

在第七篇文章《桥接设计思维与商业思维》中，查尔斯·伯内特(Charles Burnette) 解释了商业思维和设计思维的共通之处，说明了我们如何运用这一知识。他提出的“连接设计思维与商业思维”的方法聚焦于目的性思维如何与行动关联。他指出了思维和行动的七种不同目的，分别是意图性、参考性、相关性、形成性、程序性、评价性和反思性思维。伯内特提出了适用于设计商业的理论框架，明确地说明了思维模式对应着由商业思维、设计思维、创意设计思维等目的性思维处理的特定领域，它们各不相同，这使设计商业的讨论成为可能。

第八篇文章是奥利弗·萨斯 (Oliver Szsaz) 的《设计思维，范式转变的标志》。他认为，从设计到设计思维的范式转变，堪比历史上从手工艺到
10 设计的转变。历史上，设计思维代表了从人造物的创造和生产转变为以人为中心的方法，它整合了设计活动和对人类需求的研究，并关注技术和商业，使人们得以创造知识、解决问题和创新。他回顾了设计在工业革命期间从艺术和手工艺脱离时发生的变革，以此为当今由设计思维而引发设计的变革提供语境。任何改变都不是自发的，需要考虑更广阔的社会、经济和技术背景，特别是通信技术。他进一步解释了为什么“传统”设计教育无法继续满足设计思维的实践发展。但是，他也谨慎地指出，我们不应想当然地认为设计思维天生就比“传统”设计实践优越。

在第九篇文章《创新教学中的设计思维》中，卡斯图鲁斯·科洛(Castulus Kolo) 和克里斯托弗·梅尔德斯 (Christoph Merdes) 从创新的视角讨论了设计思维。与前两篇文章一致，他们也发现商业思维与设计思维有

着共同的理论基础，而两者的区别似乎体现在它们各自的实践中。他们提议在新一代教育中，应让学生既能懂得设计思维，也能理解商业思维[1]。他们认为，求同存异地讲授两者共同的理论基础或许可以优势互补，而不是造成两极化对立。这么做既可以创造一个利于激发创意和创新的环境，又能用高效的流程把这些创意转化为实际产品。科洛和梅尔德斯认为这是弥合认知差距的过程，或者是教化“顿悟”时刻。为了论证这一观点，他们还引述了创新的历史，探讨了如何用控制论来帮助区分设计思维和商业思维。

第十篇文章是斯特凡诺·马菲 (Stefano Maffei) 和马西莫·比安基尼 (Massimo Bianchini) 的《新兴的生产模式：设计商业的视角》，探讨了新兴生产模式对企业的意义。他们指出设计商业核心的系统变革，包括了生产模式、市场结构、产品的本质、设计过程、设计师的工作，以及设计师与企业的关系等方面的变化。马菲和比安基尼认为，所有这些变化的结果是设计师个人成立自己的事务所。在这种情况下，设计商业的任务更多在于中小型设计企业或初创企业，而不是设计管理通常关注的那些高
11 度结构化、复杂化的组织。他们认为微型生产这种新兴生产模式，可以为新社群市场和未来“创意市场” (market of ideas) 创造新产品。马菲和比安基尼认为，微型生产者从事手工艺制作、装配、制造和社会创新。

关于设计思维方法的讨论以第十一篇文章收官。在《爱的手工：钩针编织和社会商业设计》中，娜迪亚·鲁比 (Nadja Ruby)、埃莉萨·施特尔特纳 (Elisa Steltner) 和沃尔夫冈·约纳斯 (Wolfgang Jonas) 以社会设计作为评论设计思维和设计职业的出发点，呼吁深入剖析社会设计、社会商业设计和社会转型设计等领域中“社会”的概念，及其方法论、理论和认识论。他们还呼吁设计师要理解两种能力，即分析和组织变革过程的能力与道德决策所需的能力之间的细微差别，做出“可取且善意的”决策。他们发现了一个问题：设计师常常退缩到个人道德的底线，而不是参照他们

[1] 原文是 management thinking，即管理思维。——译注

所处系统的道德基准。为了进一步说明和探讨关键假设，他们研究了一个社会商业设计项目的案例——“长者关爱”(Alte Liebe) 项目。这篇文章和这一部分的结尾概述了社会转型设计的思想，介绍了其理论来源、观点缺陷和盲点。

第四部分：教育面临的挑战

设计的变迁、组织的发展和设计思维的不同方法，意味着设计商业对设计教育提出了新的挑战。目前，商业设计的教学无论在大学还是在设计院校都尚未成熟。我们面临的问题包括：如何培养商业设计师？将管理视作一种设计学意味着什么？这是否意味着更多设计师可以在商业环境下运用他们的技能，或者意味着更多管理者正在培养自己的设计能力？这些问题是本书最后一部分的中心内容。

在第十二篇文章《商学院内的工作室教学》中，我们将焦点转向设计商业给教育带来的挑战。斯特凡·梅西克 (Stefan Meisiek) 提出了一个问题——“商学院内能建工作室吗？”，试图理解源自艺术工作室的教学方法对商学院和商科教育的借鉴意义。尽管表面上存在差异，但如果我们意识到历史上商学院与艺术设计学院的共同点要比其与自然和社会科
12 学更多，那么就能更容易接受商学院工作室这一想法。梅西克讲道，曾有一段时间，管理“被视作一种工艺”，组织工作“被当作一项设计任务”，而领导力“是一种艺术形式”。通过某些途径，设计思维对管理和商业的创造性、工艺性做了新的诠释。但是也引发了一系列问题，例如：“设计和科学能否共存于商学院？”“用于管理教育的工作室教学法是什么样的？”“商学院还有哪些可用于工作室的资源？”，针对商学院的设计教学法和工作室教学法，梅西克质疑设计思维能否提供足够的理论支撑。他认为我们需要超越设计思维，探索其他理论基础和资源，这会帮助我们连接起学术内容和设计过程，解决系统性的问题。

蒂尔·特里格斯 (Teal Triggs) 在第十三篇文章《面向企业的教育设计》中讨论了英国平面设计师的教育，指出目前政府的经济发展和产业需

求对这方面教育的影响越来越大。她描绘了鼓舞人心的前景，鼓励教育者响应这些挑战，也强调了“平面设计具有可塑性”，可以形成新的“混合体”来适应未来挑战。通过介绍现代汽车与伦敦皇家艺术学院平面设计硕士的合作项目，她描绘了一种知识交流的教育模式，这种模式可以满足这些需求。

马修·霍伦 (Matthew Hollern) 表明了设计商业和设计学院的课程体系改革相关。在第十四篇文章《合作需要设计思维》中，霍伦讲述他无法理解其在学校教育中的遭遇：教师们常聚在一起制定新的计划和新的战略，但这些计划和战略却屡遭搁置。这是因为他们的想法只是随口一说，并无承诺，更重要的是因为这些计划和战略脱离了院系的日常工作。他期望高等教育可以成为设计思维的实验室，成为类似研讨会形式下的“合作者”。在这个实验室中，教师们设计的课程大纲是学习体验的催化剂、实现目标的战略，并最终支持设计、思考和学习。最后，他介绍了一种艺术教育的新课程模式。

米歇尔·拉斯科 (Michele Rusk) 在第十五篇文章《转化设计：21 世纪设计管理的演进》中阐述了设计管理教育和设计管理研究面临的挑战。该文批评了一直以来，设计管理关注的是设计和设计师相对于管理的关系，认为“过多”的术语表明了“设计管理”一词已不能恰当地描述，也无法充分地反映设计商业的进展。拉斯科认为需要一个新术语，并建议用
13 “转化设计”一词来更好地描述管理与设计的新发展。她呼吁新的思想流派，提出了 21 世纪设计管理的课程体系。

第十六篇文章《将创造性问题解决方法和设计思维共同编入 MBA 课程》是本书的结尾。艾米·兹杜尔卡 (Amy Zidulka) 分享了她将设计方法引入创新项目课程的思考和实践。她和几位起初将信将疑的同事并没有坚持引入设计思维，而是开发了一套新的术语和方法。文中，她探讨了这些做法背后的原因，回顾了初次向 MBA 学生展开教学时的经历。创造性的问题解决方法 (Creative Problem Solving, CPS) 与设计思维一样，是一种结构化的流程，可以指导解决复杂、开放性的问题，同时还采用了商

科学生熟悉的分析性思维方法。另外，和设计思维一样，CPS 也强调用户共情和原型设计。她认为，这种 CPS 与设计思维的混合模式，既方便学生掌握，也适用于教育情境，特别是在引入设计思维时可能会导致困惑的情况下。在她看来，CPS 的优势在于更贴近现行的管理方法。

尤根 · 福斯特

萨宾娜 · 永宁格

引 注

1 Herbert Simon, *The Sciences of the Artificial*, 3rd ed. (Cambridge, MA: MIT Press, 1996).

2 Ibid., 153.

3 Ibid., 154.

4 Richard Boland and Fred Collopy, eds., *Managing as Designing* (Palo Alto, CA: Stanford Business Books, 2004), 7.

5 Ibid., 6.

6 K. Michlewski, "Uncovering Design Attitude: Inside the Culture of Designers," *Organization Studies* 29 (2008): 373–92.

7 J. Faust and V. Auricchio, eds., *Design for (Social) Business* (Milan: Lupetti, 2011).

8 P. Tavikulwat and S. Pillutla, "A Constructivist Approach to Designing Business Simulations for Strategic Management," *Simulation Gaming* 41, no. 2 (2008): 208–30.

9 A. Ostenwalder, Y. Pigneur, and C. L. Tucci, "Clarifying Business Models: Origins, Present, and Future of the Concept," *Communications of AIS* 15 (2005), http://www.sofwarepublico.gov.br/fle/16723017/Claryfng-Busines-Model.pdf; Youngwook Kim et al., "A New framework for Designing Business Models in Digital Ecosystem," in *Proceedings of the 2nd IEEE International Conference* (2008), 281–87.

10 T. Brown, "Design Thinking," *Harvard Business Review* 86, no. 6 (2008): 84–92; J. Liedtka and T. Ogilvie, *Designing for Growth: A Design Thinking Tool Kit for Managers* (New York: Columbia Business Press, 2011).

11 L. Briggs, "The Boss in the Yellow Suit or Leading Service Delivery Reform" (unpublished Valedictory Address on July 7, 2011); E. Eppel, D. Turner, and A. Wolf, "Future State 2" (unpublished Working Paper 11/04); C. Bason, *Design for Policy* (Farnham, UK: Ashgate/Gower, 2014).

12 R. Garud, J. Sanjay and P. Tuertscher, "Incomplete by Design and Designing for Incompleteness," *Organization Studies* 29, no. 3 (2008): 351–71.

13 S. Sarasvathy, *Effectuation–Elements of Entrepreneurial Expertise* (Northampton, MA: Edward Elgar, 2008).

14 M. Hobday, A. Boddington, and A. Grantham, "An Innovation Perspective on Design: Part 1," *Design Issues* 27, no. 4 (2011): 5–15, DOI: https://doi.org/10.1162/DESI_a_00101.

15 M. Foucault, *The Archeology of Knowledge and the Discourse on Language*, trans. A. M. Sheridan Smith (New York: Pantheon Books, 1972).

16 K. Michlewski, "Uncovering Design Attitude: Inside the Culture of Designers," *Organization Studies* 29, (2008): 373–92.

17 R. Falk, *The Business of Management* (London: Penguin Books, 1961); M. Yunus, "What is Social Business?," in *Design for (Social) Business*, ed. J. Faust and V. Auricchio (Milan: Lupetti, 2011), 20–22.

18 P. Gorb and A. Dumas, "Silent Design," *Design Studies* 8, no. 3 (1987): 150–56; S. Junginger, "Organizational Design Legacies and Service Design," *The Design Journal* 18, no. 2 (2015): 209–26.

19 D. Schön, *The Reflective Practitioner: How Professionals Think in Action* (New York: Basic Books, 1983).

20 M. Weber, *General Economic History* (New York: Courier Dover Publications, 1927).

21 J. Dewey, "Common Sense and Science: Their Respective Frames of Reference," *Journal of Philosophy* 45, no. 8 (1948): 197–208.

22 C. I. Barnard, *The Functions of the Executive* (Cambridge, MA: Harvard University Press, 1968).

23 G. H. Watson, "Peter F. Drucker: Delivering Value to Customers," *Quality Progress* 35, no. 5 (2002): 55–61.

第一部分　设计的变迁

设计的新领域：面向行动、服务和管理

理查德 · 布坎南

17 设计的发展已经历经数百年，如今我们又站在了一个转折点上。设计正经历着另一次根本性的变革——转向行动、服务和管理。作为本次会议[1]的开幕演说嘉宾，我的任务是为接下来两天的讨论做好铺垫。我希望大家理解此次会议主旨的重要性和紧迫性。四年前，[2]我离开美国卡内基梅隆大学设计学院，加入凯斯西储大学魏德海管理学院。当时，世界各地的朋友和同事给我打来电话，发来邮件，他们都很疑惑，想知道我为什么离开一所顶尖设计学院，而选择一所管理学院。现在，理由很明显了，因为设计与管理的关系已成为设计思维与设计实践的最重要的热点。作为本次会议的主题，我们来探讨设计的未来，因为设计与管理的关系比以往任何时候都要紧密。

就设计和管理这一主题，世界各地举行了一系列会议，本次会议是其中一场。这些会议包括从 2011 年在美国科罗拉多州博尔德市举办
18 的会议，讨论人际互动和关系，以人、设计和管理为中心议题，到本次大会组织者今年举办的社会商业会议。最近，在丹麦哥本哈根举办的会议聚焦于公共领域设计。我们从中了解到思维实验室（MindLab）和其他一些欧洲组织的新项目，ThinkPlace、Second Road 等机构在澳大利亚开

[1] 本文是 2012 年巴塞罗那商业设计大会（Designing Business Conference in Barcelona）的开幕致辞。——译注

[2] 指 2008 年。——译注

展的工作也很有趣。在旧金山的某次服务设计会议上，我觉察到了大家的困惑，这也与本次大会密切相关。多位演讲人在做汇报时，都为自己在传统设计会议上讨论管理议题而表示歉意。我不禁自问这是为什么？他们为什么要为在讨论服务设计时提出重要的管理问题而道歉？

那次会议期间，我一直在思考这个问题，后来终于想明白了。这些演讲人纠结于设计领域内“曾经有什么”和“将来会有什么”。在设计对象的过去与未来之间，设计正站在重要的临界点。因此，在那次会议的闭幕演说上，我没有为讨论设计和管理表示歉意。相反，我提出设计师要在工作中考虑设计与组织生活的关系，这不仅重要而且必不可少。听了我直截了当的发言，与会者报以热烈的掌声。我认为设计师已逐渐认识到这一新方向的重要性，尽管我们还不明确要走的路。在今天的大会报告中，我会谈到一些问题。我觉得这些问题会在后两天的讨论中频繁出现，同时我们也在设法厘清设计和管理的关系。

第一个问题源自设计和管理的历史。这包括了组织的目的以及设计与管理的关系。这也提示我们，即便从局外人的视角，设计与组织和管理一直有着千丝万缕的关系。20 世纪初，在欧美企业，设计对产品开发起到了重要的作用。这明确了早期设计学科的身份与含义，特别是对工业设计和平面设计而言。设计师受到了尊重，他们的工作也有了职业前景和专业支撑。然而，设计师大多处于企业决策与管理的核心之外。

尽管是局外人，设计师还是努力地把对设计的理解以敏感的、个人的或人本主义的方式带入管理情境。但 20 世纪 60 年代，波士顿咨询集团
19 (Boston Consulting Group，BCG) 等战略咨询公司的兴起影响了 MBA 教育，曲解了商业和组织的目的，使得设计师的上述努力更加困难。咨询业改变了管理者思考企业问题的思路，使他们转而使用分析学作为决策的重要工具。沃尔特·基希勒三世 (Walter Kiechel III) 在《策略之王》(*The Lords of Strategy*，2010)[1] 一书中讲述了 BCG、贝恩 (Bain) 等知名战略咨询公司的发展历程。

从设计的角度来阅读该书，我们就能清楚地看出，咨询业创造了能卖给企业的“产品”。这些产品有着精巧的分析工具，可用于评估企业在市

场上的发展状况、竞争地位等。咨询公司的这些产品需要计算和定量分析。为了应用这些工具，商学院把教育项目变成了培训，把 MBA 学生训练成“分析师”。他们能熟练运用定量分析方法，却无法理解企业赖以生存的产品和服务。分析能力成为新课程体系的基础，它使学生解决了就业问题，也满足了“竞争性战略”日益增长的需求。然而，这让我们更加误解了企业和组织的整体目标。盈利而非“生产物质商品或服务”，成为了目的。[2] 当然，关于组织的真正目标，争论由来已久。“利润”优先，还是“提供产品和服务”优先，人们对两者孰轻孰重争执不下。但是，战略咨询业更倾向于组织以盈利为目的。这对咨询公司而言，自然也是有利可图的。

在这样的历史背景下，设计和管理开启了新的合作。设计或设计思维把我们拉回到对产品和服务质量的关注上。我们承认利润是企业生存的要素之一，但组织的目标在于为顾客，为使用的人，提供有意义的体验。针对管理教育改革，设计提供了独到的见解，探索了设计与管理更紧密的关系。

或许，我们首先应该认识到设计师和管理者并不是两个独立的群体。20 世纪，管理学的发展史也是设计学科的发展史。为了更好地设计组织，各大管理学院都在努力提升组织的质量和优势。存有争议的是，20 世纪最重要的设计产品不是平面设计作品，也不是工业设计作品，而是管理的作品：组织的设计。没有这一设计，其他的设计专业都无法对社会和人类生活产生影响。正如乔治 · 纳尔逊 (George Nelson) 在《设计的问题》(*Problems of Design*, 1979) 中写道：

> 在我们这个时代，一个重要的事实是组织占据着主导地位。很可能这就是最重要的。我们需要一段时间才能理解它对个人思想和行为的全面影响。在这一调节过程中，很少有人能摆脱这些影响。[3]

我们花了很长时间才慢慢意识到，管理是设计学科的一部分。由于受到了设计和管理领域理论与实践的先驱司马贺[4]的启发，如今有越来越多的人认识到这一点。

在魏德海管理学院，我教授 MBA 顶点课程（capstone course）。这门课程有两个目标：一是帮助年轻的未来管理者理解并重视产品和服务设计与开发的过程。人们总是抱怨管理者脱离组织的产品和服务，完全沉浸在商业分析中。我的教学任务之一就是纠正这一点。我的课程是围绕着设计流程来组织的，试图将设计原则、设计流程与对战略和管理的理解相结合，正如它们影响着设计对象的边界。二是将设计作为管理实践来教学，它是管理的一种方法而不是管理的对象。事实上，不论是以盈利为目的的企业还是非营利性机构，“像设计那样管理”主要在愿景与战略、运营、产品与服务开发三个主要方面影响着组织。我们还可以进一步细化，详细区分设计在各领域中的作用（如在企业治理中的作用），但是，目前的大类也差不多足够了。可以想象，随着工作的开展，我们将看到进一步的细化。

在此，我们有必要比较一下设计学院和管理学院。比如，我发现许多管理学院都依据上述的第一个课程目标来设置课程，尽管投入程度各不相同。魏德海管理学院可能做得最为全面，我们开设了一门历时两个学期的课程，还从企业和非营利机构获得了各项赞助。其他学院开设的产品开发课程——一般由兼职教授或讲师授课——有时仅为两到三周的模块化课程。除此之外，我还发现少数学院开始追求第二个目标，他们指导学生如何利用设计原则和实践来进行管理。这项工作的确很
21 有挑战，因为课程项目非常复杂、抽象，挑战着设计师认同和追求的具体性。但是，这一领域前景广阔，对组织生活影响深远。将设计植入管理者的工作，不论是对这一领域还是对单个组织来说，都是一项长期的事业。在与大型公共领域机构的合作中，我对此深有体会。一方面，植入设计是一个理想化的外显目标。另一方面，这个目标很难实现，我的团队必须寻找其他途径，融入“演进式系统”的设计。关于这些问题，我

推荐约翰·P. 科特（John P. Kotter）的《领导变革》（*Leading Change*, 2012）一书，书中介绍了设计面临的挑战，以及作者的“八步变革”在这一工作层面与设计过程之间的关系。[5] 虽然设计和管理的跨领域工作十分复杂、困难，但是除了我们的偏见和旧观念，两者其实并没有固有的界限。

抛开产品开发的陈旧理论，在设计作为管理实践的发展进程中，还存在着更重要的问题。每个设计领域都有着特定的技术知识，针对设计师试图解决的不同问题。例如，在平面和传达设计方面，有与生产过程、字体和信息层级相关的技术问题；工业设计则有涉及材料、工业生产过程等方面的技术问题。在管理领域也一样，专门的技术知识对于提高管理效率是必不可少的。的确，这些专门的技术知识反映了管理学院和商学院在金融、市场营销、运营、财务和组织行为等方面的专业化趋势。这些专业常常是学习的孤岛，随着时间的推移，在企业管理中彼此渐行渐远。我们注重培养专业技能，却忽视了管理和领导组织这种综合性工作所需的全面能力。

我认为，对于各个设计专业，当务之急是告诉学生不要从学科角度去理解专业化的分工，而要从设计视角去理解学科。也就是说，设计师（当然，包括管理者）固然有其立足的设计专业领域，但也必须打破专业壁垒，去理解如何跨越边界，获得更全面的视角。我相信这就是各界都在讨论“设计思维”的原因。

“设计思维”是个极其模糊的术语。在文献和会议讨论中，至少有四种不同的诠释（图 1.1）。第一种认为“设计思维”是一个认知过程，与信
22 息处理和决策相关。这一观点在设计研究者中尤为普遍，可追溯到司马贺的理论。第二种认为“设计思维”是一种想象力。这一观点在设计咨询公司和艺术院校内的设计学院较为普遍。它推崇的是设计师想象新形式、新功能和新风格的能力。一些管理学院也赞同将这种能力纳入教学内容，帮助 MBA 学生“开发想象力”。第三种认为“设计思维”是一种创新精神和文化，既可以个人参与，也可以由组织通过分享价值和创造热情来提倡。持这一观点的人大多在生活中强调文化和卓越价值的重要

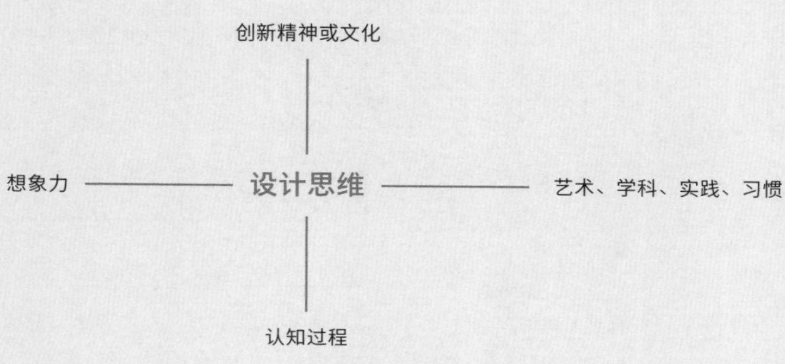

图 1.1　设计思维 © 理查德·布坎南

性。第四种认为“设计思维”是一种思想和具有前瞻性的学科，一种可被传授的技能，对于极具天赋和勤奋的人，设计思维可以成为一种习惯。这是各专业方向的设计师和设计师作品的人文视角。的确，这一观点也接近彼得·德鲁克对企业家精神的理解，他将企业家精神视为一种技能，是一门学科专业，我们可以解释、教授它的原理和流程。关于这一观点，我推荐德鲁克的巨作《创新与企业家精神》(*Innovation and Entrepreneurship*, 2012)，[6] 其论述令人信服，通篇与设计有着共鸣。

在目前关于设计和创新的讨论中，“设计思维”颇具争议。之所以有争议，一方面是因为在设计理论与实践中设计思维有着不同的含义，另一方面是因为我们过度使用了这一术语，却没有理解在不同场合思考和应用设计思维的细微差别。但是，只要明白了设计思维的不同含义，
23 这一术语就有指导意义和实用价值。而我的意图是建立设计学科，理解设计在过去一个世纪不同领域中的应用改变了世界，我在自己的工作中倾向于使用哪一种含义是显而易见的。

设计思维的概念有助于探究设计和管理的关系，这是因为它可以用来比较特定的企业和普遍意义上的组织。设计的语言和管理的语言，

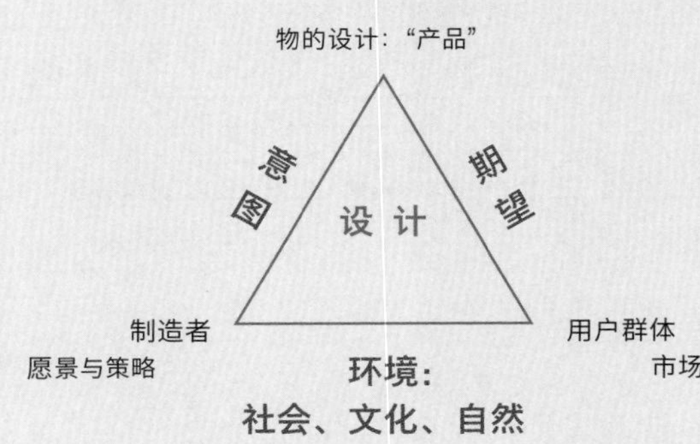

图 1.2 设计的基本关系 © 理查德 · 布坎南

初看并不密切相关。由于商业中有着极为复杂的术语体系，如果没有罗塞塔石碑[1]提供线索的话很难解读。正是设计思维提供了这方石碑。设计思维为学生和专业人士提供了意义明确且实用的解释。例如，设计思维让我们可以将"商业模式"视为设计对象的一种原型设计（图 1.2）。在商业模式中，价值主张相当于产品功能——这是产品试图提供给个人用户或群体的。反过来，商业模式也需要理解价值主张与资源、人以及价值提供方的组织形式、结构等之间的关系。形式、材料、人和设计与生产的方式——这些是工业设计和传达设计的经典分析术语。一旦绕过"神奇"的术语体系的专业权威性，对应的关系就很直接了，有时甚至到了令人惊讶的程度。

我认为还有必要解释一下设计师对产品本质的理解，这是一种理
24 性 (logos)、气质 (ethos) 和情感 (pathos) 的综合体：形式的技术原理和逻辑、
产品传达出的特质或声音，以及对用户能力范围的考量——三方面结

[1] 罗塞塔石碑，Rossetta stone，1799 年出土的花岗闪长岩石碑。上面刻有公元前 196 年埃及托勒密王朝托勒密五世的诏书，因其以古埃及象形文字、通俗文字及古希腊语三种文字写成，成为破译古埃及象形文字的钥匙，是古埃及历史研究的里程碑。文中为引申义。——译注

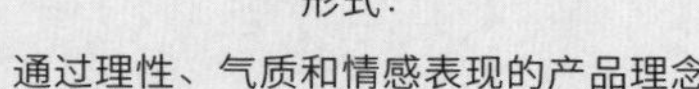

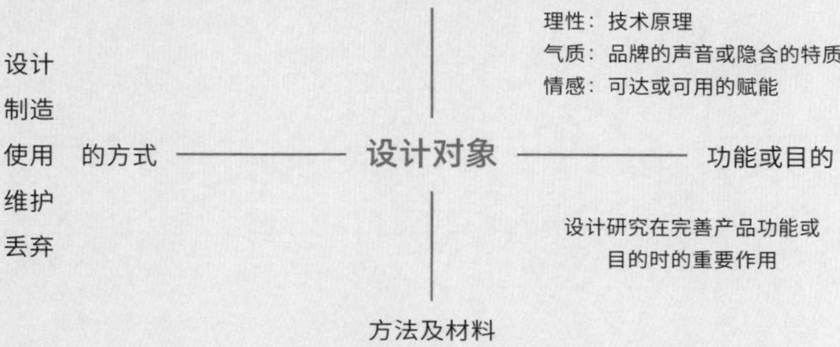

图 1.3　分析设计对象 © 理查德·布坎南

合才使得产品可以被用户接受（图 1.3）。这些术语可以直接用来理解
组织。既可用于研究企业逻辑——如何制造和提供商品与服务，厘清利
25 润流和成本结构（图 1.4）；也可用于研究企业的气质或感知企业的特
点，这些体现在品牌品质上；还可用于研究产品如何赋能顾客：了解产品
如何与客户接触和互动，为客户提供服务，与客户建立关系。

作为本次报告的总结，我想谈谈自己的一些观察，这关系到我们如何探究设计和商业的关系，以及在理论与实践中如何开展设计和管理工作。20 世纪的历史进程中，这两大知识领域之间有很多关系和主题，可以大书特书。不论是在理论中，还是在实践中，设计师与管理者指望从逻辑和语法知识领域中寻找工具来建立学科。要具体地说明这一点，我们有必要指出包豪斯设计学院的两大贡献。第一，探讨形式与功能，即平面设计、工业设计作品中的逻辑或诗学 (poetics)。要深入理解这一点，我们可参考默霍利 - 纳吉 (László Moholy-Nagy) 的《设计潜力》(Design Potentialities) 一文。这篇收录在《运动中的视觉》(*Vision in Motion*, 1947) 中的短文非常精彩地阐述了设计的逻辑或诗学[7] ——可以说是 20 世纪对设计思维最好的诠释。但是，如果我们仔细研究包豪斯的资料，就会发现

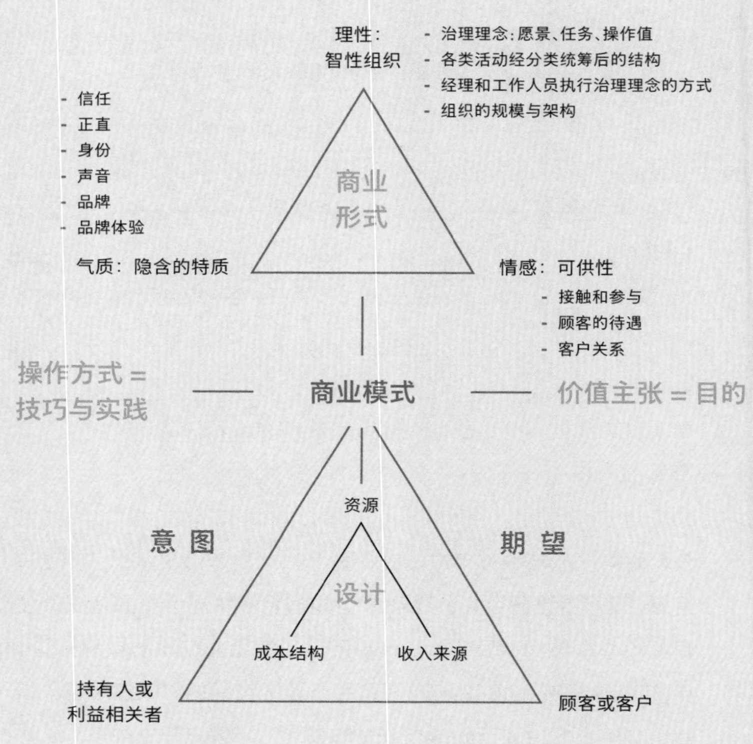

图 1.4 商业模式的设计 © 理查德·布坎南

是沃尔特·格罗皮乌斯 (Walter Gropius) 提出了传达设计的新语法，这是包豪斯学派最重要的贡献之一。在 20 世纪早期和中期，多数设计理论的构建都是围绕语法或逻辑领域的。

然而，在过去的三四十年里，这些知识领域内出现了一个重要变化，影响了我们对设计和管理的探究，即转向设计的修辞学 (rhetoric) 和辩证法 (dialectic)——设计的沟通性与社会性成为设计思维的实践与对象。无论经历了怎样的技术变革，最根本性的变革是我们的思维方式转向修辞学与辩证法，这就是我所说的设计的第三和第四秩序。特别是在设计的第四秩序中，设计师不具备开发新产品的全部能力。设计师成为他人工作的协调人，将人们合理而有效地组织在一起，鼓励人们以某种形式参与进来，促成有活力、积极向上的社群。如果要举例说明设计实践的这一辩证转变，哥本哈根的思维实验室与赫尔辛基的设计实验室 (Helsinki Design Lab, HDL) 的工作就是典型。他们都是第四秩序设计的例子，也是在理论和实践中对辩证法的新应用。我还可以就管理学中辩证法的出现举一些示例。彼得·德鲁克的著作就是其中之一。但鉴于本次会议的实际情况，思考如何共同探讨新的设计和管理方法，对于我们来说这些或许已经足够。

引　注

1 W. Kiechel III, *The Lords of Strategy* (Boston, MA: Harvard Business Review Press, 2010).

2 C. I. Barnard, *The Functions of the Executive* (Cambridge, MA: Harvard University Press, 1968), 154.

3 G. Nelson, *Problems of Design*, 4th ed. (New York: Watson-Guptill Publications, 1979).

4 Herbert Simon, *The Sciences of the Artificial*, 3rd ed. (Cambridge, MA: MIT Press, 1996).

5 J. P. Kotter, *Leading Change* (Boston, MA: Harvard Business Review Press, 2012).

6 P. Drucker, *Innovation and Entrepreneurship* (London: Routledge, 2012).

7 L. Moholy-Nagy, *Vision in Motion* (Chicago, IL: Paul Teobald, 1947).

商业问题的设计，就是商业模式设计

尤根 · 福斯特

27 回顾当代设计理论，可以看出设计正在进入新的范畴、新的领域，进入布坎南所说的新秩序，[1] 或成为克劳斯 · 克里彭多夫 (Klaus Krippendorff) 在《人造物的轨迹》(Trajectory of Artificiality，2006) 一文中提出的“人造物”(artificiality)。[2] 在这样的背景下，设计师和管理者都对商业领域感兴趣，想要在企业中应用设计和设计思维。[3] 几乎所有学科，我们所做的每桩事情，我们设想的每处改变——其实都是设计，但我们不一定意识得到。我们一般认为只有有目的地创造，才能称之为“设计”。

因此，在这种情况下，设计本身也正在被设计；如果有目的地调整设计来适应新的框架，[4] 那么设计就成为了设计的对象。所以，我们认为设计不是既定不变的，它正进入新的领域——设计商业。这需要我们认真研究这一背景下设计的含义。在新情境下设计的含义会改变，换句话说，我们应如何重新设计“设计”，才不会误导那些持传统设计观的读者。例如，他们认为设计就是解决问题。因此，设计商业需要研究设计以及它可能的含义，必要的话，要重构这些含义的理论框架，从而适应设计商业的需求。设计商业既要研究设计也要考察商业，详细阐述在这个背景下设计能提供什么，如何用设计商业阐述设计的概念。为此，我们从
28 企业问题出发，因为它可以界定设计的要求，提供更好的方法来研究设计，逐步缩小备选答案的范围。

商业是什么？
What Is Business?

商业[1]的一般含义是有组织地生产商品或提供服务、与顾客交流和追求利润的活动。从根本上理解，商业 (business) 的英文单词词源出自“忙碌的状态” (being busy)，“忙碌”可以理解为从事商业上可行而且有利可图的工作，也能理解为一个特定行业，一个市场领域，如传媒、交通、贸易等。它也能表示一家机构，一个公司，一家企业。或在更普遍意义上，它是商品和服务供应商的所有活动，即业务。

就上面列出的词义而言，所有这些定义和理解都指代了一个活动，所以我们谈论的不是业务的具体行为，而是用文字，用语言，用隐喻去讨论、理解客观存在的上述活动。我们谈论的也不是商业，而是用隐喻和模型讨论“商业”，讨论我们认为这些活动是什么，表明了什么。有一个例外，如果我们讨论一个活动，即“忙于” (business) 交谈，那么活动和语言的区别将会消失，两者合二为一。

在我们论及商业组织、商业流程、企业结构和商业模式时，同样的构念（或框架）也适用。如此一来，我们最终得到了我们所说的商业的隐喻、模型和语言构念。我们最终得到了一个语言参考 (language reference)，也就是在我们看来的商业活动。我们根据经验不断调整这些模型，使我们的隐喻和模型用起来更为合适。反之亦然，“现实”商业也会随着我们使用的隐喻不同而改变。一个大胆的例子是把商业比作一个机械装置，商业的各个部分之间以确定的方式相连。比如，战略是商业计划的固定部分，业务流程则内嵌在价值创造系统里。

通过这些比喻，我们认识到我们对商业的理解遵循隐喻模型。如果把商业比作一个生物体、一个活的生命存在，那么这种更有生命力的商业隐喻使我们对商业的理解变得完全不同。生物体处理食物，通过消化

[1] 根据陆谷孙主编的《英汉大词典》（1993），business 可译为：1. 交易、生意、商业、营业（额）；2. 工商企业、商店、工厂、营业所；3. 职业、职务、职责、责任、工作、任务、目的、使命；4. 事务、事、难事、讨厌的事、所关心的事、所干预的事、（行动、询问的）权利；5. 忙碌、有目的的活动等。在译文中，译者根据不同语境选取不同含义。——译注

创造能量，生长、呼吸和发展。加雷斯·摩根 (Gareth Morgan) 针对商业组织有一组成功的比喻，也点出了其局限性：我们可将组织比作机器、有机
29 体、大脑、文化、政治系统、心理监牢、流变与转变、管制的工具。[5] 我们理解分析这些模型并将其系统化的过程，正是塑造组织的过程。[6]

我们用各种隐喻分析隐喻的类型，这些隐喻解释了产生的结果。关于商业的讨论与我们所用的基础模型密切相关，因为我们在尝试给出解答的同时，也构建了基础模型的语言陈述。这么看来，我们与克里彭多夫的观点非常接近，即设计必须持续重新设计其话语及设计本身。[7] 这也适用于商业，我们也需要重新设计商业的话语及商业本身，因为正是通过重新设计隐喻 (模型)，我们才能获得更好的洞察。

因此，如果不理解模型建构和隐喻定义，我们就无法回答"商业是什么"的问题。撇开不足之处，总结初步想法，我们可以合理地把有关商业的问题延伸为"商业模式是什么"，因为当我们思考"商业是什么"时，我们正在塑造商业。因此，将隐喻应用于商业，应用于这种作为商业的活动，是一项基本的设计行为，因为它们产生了我们目前所看到的商业。但是，如果把这种隐喻模型的建构称作设计，会把我们带入一个恶性循环，因为我们试图去理解的东西正是运用隐喻语言这一设计行为的结果。因此，要脱离这一循环，就得先研究理解商业模式，理解现有的模型理论。

从赫伯特·斯塔科维亚克 (Herbert Stachowiak) 关于模型特点的著作中，可以找到一些对模型的理解：

- 再现性：模型总是某一事物的具象表达；
- 简化性：一个模型精简了原事物的一些部分，只保留了相关的部分；
- 实用性：任何模型都是为了特定目的而创造的，这一目的在特定时期专门适用于某些使用者。[8]

因此，在谈论商业，或谈论商业模式时，我们隐含地在讨论一个商业

组织（企业）的形象，这其实是真实商业的简化版，保留了有限的部分。这也是个实用的方法，因为我们将其用于特定目的（这个模型的用途），而且要根据不同目的调整模型。“所以隐喻或模型是个悖论。我们能获得独到的见解，但同时这也是一个曲解，因为隐喻和模型创建的视角会有盲区。”[9]

30 换个角度可以进一步解释这个“盲区”。例如：

> 如果把商业［模型］视为一个复杂系统，那么系统思维和理论或许能帮助我们。比如，一个复杂系统具有以下属性（但不总是这样）：
>
> 1. 一个包含众多部分（或事务、部门、个人）的复杂现象；
> 2. 各部分之间有多种关系或互动；
> 3. 这些部分产生的组合效应（协同效应）难以预估，可能是新颖的、出乎意料的，甚至令人惊奇的。[10]

每家公司作为一个系统，在一个更大的系统中运作，但其市场和商业模式却总是忽略更大系统的某些部分，或者忽略参与市场系统的其他系统。它也会忽略不同系统（如竞争者）的相互依存性，或特定企业在商业环境中的定位。考虑到这些问题，摩根借鉴了理论生物学家路德维希·贝塔朗菲（Ludwig Bertalanffy）的理论：开放系统。换句话说，摩根认为企业是有机体，因为企业对环境是开放的，并且需要与环境建立适当关系才能生存下来。[11]

所以，商业模式的设计就是系统设计，但为了匹配我们设计商业（模式）的比喻和想法，这个系统必须是开放的。另外，鉴于开放系统的复杂性，设计师需要从不同的角度思考，在不同框架下处理设计流程。

在设计一家商业企业时，理论框架是商业系统，重点是变革现有商业系统，实现理想的目标。即使是开放系统，商业模式（给企业的菜谱）仍能由某个人来设计；而且，一个企业还包括其他角色和利益相关者，他们很可能有着各自的目的和各自的话语体系，所以我们也需要认真对待这些相关者。为了建构商业系统，许多研究者提出了自己的观点，以下为摘选部分：

> 我们认为商业模式由两大要素组成：⑴ 企业做什么；⑵ 企业从事这些业务时如何盈利。[12]

31 这是一个基本定义，简单但也最常使用。参考德鲁克的理论，琼·玛格丽塔 (Joan Magretta) 提出好的商业模式需要考虑的问题：

> 谁是顾客？顾客重视什么？它回答了每个管理者必须面对的基本问题：在这项业务里我们如何盈利？运用什么基本经济逻辑可以解释我们如何以适当的成本向顾客交付他们看中的东西？[13]

亚历山大·奥斯特瓦德 (Alexander Osterwalder) 等人提出了另一种思路，定义了不同的要素：

> 商业模式是一种抽象分析工具，包括一套要素以及要素间的关系，可以描述具体企业的商业逻辑。它描述了企业向一个或多个细分市场的顾客提供的价值，以及企业的架构和企业伙伴网络的创建。借助这一网络，企业创造、推广、交付这些价值和关系资本，从而产生利润和可持续的利润流。[14]

马克·约翰逊 (Mark W. Johnson) 等人也提出了类似的方法：

> 商业模式由环环相扣的四大要素组成（顾客价值、企业主张、盈利方案和关键流程），它们共同创造和交付价值。[15]

因此，在设计模型时，我们必须认同商业模式是一个概念工具。它是一个图像，让人产生深刻见解，但也存在“盲区”。它解释了顾客、利益相关者，以及为不同利益相关者创造价值等方面的问题。我们无法回避这些问题。还有一个条件需要说明，这种模式越模糊、越开放，其实用性越差，“盲区”就越少。反过来说，有关模式的图像和界定越详细，“盲区”就越多，产生的盲点就越多。正如查尔斯·巴登 - 富勒 (Charles Baden-Fuller) 和玛丽 · S. 摩根 (Mary S. Morgan) 所说：

> 当然，我们可以设定商业模式的多种分类标准——事实上，商业模式的每种定义关注不同特点，由此形成了不同的类别、分类。对于那些关注管理分类学的人 (和生物学中的人一样) 来说，标签的数量是不固定的，分类类别会随着我们对世界认知的发展而增加或改变。例如，20 世纪前半叶发展
> 32 的工业经济模式会根据公司在行业中的数量和定价等竞争行为来对公司进行分类；但是现在 (按照博弈论)，公司的行为更多地以其战略可能性和选择为特征，因此分类方法也大大改变。每个不同的归类方法——基于新理念、新实践，甚至新商业体验——会揭示不同方面的重要性，也会对不同的要素进行分析……[16]

巴登 - 富勒和摩根明确指出，隐喻性引用是可供选择的关键要素之一。他们认为，因为标签的数量不定，而且随着我们对世界认知的发展，分类类别会增加或改变，所以模型的数量也是无限的。他们认为商业模式有着不同的功能，这说明商业模式是有诀窍可以遵循的，它既是科学模型，又是比例模型、角色模型。通常情况下，商业模式针对不同公司和不同目的发挥任意或者所有功能。

巴登 - 富勒和摩根也提出按模型的生成方法来分类。他们强调了三个领域：可复制的模型、实验模型以及基于观察和理论化的模型。[17] 在这

样的分类中，以观察和实证工作来进行的自下而上的方法是基础；然后是以概念性和理论工作来区分对企业进行自上而下的分类，由此得到理想的类型；还有使用统计方法和分析企业特征得出的理想类型。在最后一个类别中，典范案例及其分析决定了分析的结果。[18] 商业模式具有多种功能，但总体上是为了获得更多的知识，正如生物模型一样。总的来说，它们发挥着多重作用，既充当研究的模型有机体，又是分类法中对“特定类型”的描述，还是开展或重塑业务的诀窍。尤其最后这点明显就是设计，因为企业“不断试验、改革、完善并再次创新其商业模式”。[19] 商业模式不仅是良方，还介于原理（即一般理论）和模板（即准确而详尽的规定）之间。[20] 巴登 - 富勒和摩根将商业模式比作烹饪用的菜谱，这个类比和参考非常有趣，[21] 因为这不是直接在设计语境下讨论商业模式，而是用了艺术和手工艺的语境。之所以比作菜谱，是因为企业会如何表现就像一道选定的菜式，或多或少依赖厨师的技能与制作。我们也可以说商业模式像一段乐谱，由乐团成员演奏出来。在某些情况下，乐团这
33 一比喻更为贴切，因为相比菜谱的成果，乐团的表演存续时间更短。但这两种比喻在一定程度上也都合适，因为运作“商业”、演奏“乐曲”或烹饪“菜肴”都是可见的。一种商业本身无法被储存，只有某些产品可以，但这种产品不包括服务。我们可以把音乐录下来保存和欣赏，但那不再是现场演奏的音乐；一道菜也能被储存，但将其冷冻再加热后也不再是那道现场烹饪的菜肴了。用戏剧表演来比喻也是一样，与观赏现场表演相比，通过看录像或电影的观感体验也会差很多。

商业模式是隐喻，和模型一样具有多重意义，是可复制的角色模型；它可以描述商业组织，以便我们对商业组织的信息进行处理和分类，确立分类标准和不同类型。我们也能创造新的商业模式。但是，综上所述，商业模式是我们探讨商业复杂性的唯一途径。

奥斯特瓦德全面研究了商业模式，提供了探讨上述问题的另一个视角。[22] 参考帕尔蒂克 · 斯塔勒 (Partick Stähler)[23] 、彼得 · 赛登 (Peter Seddon) 及杰弗里 · 刘易斯 (Geoffrey Lewis)[24] 的观点，奥斯特瓦德认为商业模式涵

盖了三个层级:规划层、建筑层和执行层。规划层指战略层面,关注目标和目的。建筑层说明盈利逻辑,即商业模式层。最后,执行层关注流程、组织和工作流。[25] 奥斯特瓦德提出以下几种商业模式的作用和角色:不同利益相关者相互理解和分享;分析和比较现有模式;管理,即设计、计划、改革和执行商业模式;通过调整商业模式来应对、匹配和改善决策;最后是创新、模拟和测试。虽然我们尚未介绍模拟这一术语,但巴登-富勒和摩根[26] 已论证了创新、模拟和测试的第四个模式是合理的。他们认为把第三类商业模式比作菜谱很恰当,"因为这既是可复制的技术实践模型,也是可得到改进和创新的实用模型"。[27]

参考奥斯特瓦德的理论表述,我们可以发现商业模式的这些功能角色与设计流程之间有着相似性。传统上,我们将设计流程概括为"理解、分析与比较、设计、计划与执行、模拟与测试"。尽管其中某些部分重复出现,但这些步骤是设计的关键阶段。基于这一相似性和类比匹配,
34 对商业模式的理解就能用商业用语来表达。因此,在商业活动中应用这些隐喻,可被视为一种设计行为——商业的设计。商业的"现实"随着措辞的变化而变化,挑选不同的隐喻建构商业模型,这是在设计商业。

但是,这就是全部吗?商业设计师只是一位用言语和比喻来塑造现实和社会的"语言艺术家"吗?他们还有其他作用吗?商业设计师还有什么不同之处?我们需要回答这些问题,因为不同的商业模式由多个要素组成,这对现实企业极其重要。这和设计流程一致,我们要分解问题,使用类似工程或计算机科学中解决问题的经典方法将问题化解为一个个子问题。那么,随后的问题就是:"商业模式能分解成子问题吗?这些子问题能被设计吗?"

将商业模式的要素一一列出,包括:企业做什么?如何挣钱?[28] 顾客是谁?顾客重视什么?基本经济逻辑是什么?我们如何用合适的成本为顾客交付价值?[29] 针对一个或多个细分市场的顾客,企业提供了哪些价值?企业的组织架构是什么样的?企业如何构建伙伴网络来创造、推广、传递这些价值和关系资本?企业如何获得利润和可持续的收

入流？[30] 顾客重视的是什么？如何将企业主张、盈利方案和关键流程组织起来？[31] 通过研究商业模式的这些要素或组成部分，我们就能发现目前各个设计专业在其中发挥了重要作用。进一步，我们可以说商业模式的这些内容也都包含在克里彭多夫的“人造物的轨迹”和布坎南的“设计四秩序”中。

企业做什么，它创造了什么服务，这些涵盖在产品设计和服务设计中。产品和服务设计提供了设计价值的基本创造。没有这个“最古老的设计专业”，任何商业设计都无从谈起，因为如果不向顾客提供服务或产品，价值创造就无从谈起。既然商业是一个由人、过程、产品或服务组成的复杂系统，那么系统设计是另一个影响商业设计的重要设计领域。如果我们从根本上思考商业设计，商业体系、服务体系、产品服务体系、生产体系、企业的组织结构体系、利益相关者体系和网络，甚至财务体系，都可以也必须被纳入设计的范畴。但是，除了产品、服务、体系设计之外，组织设计这一学科也很重要，因为不能认为企业的组织架构只是一个系统。

35 说到价值主张和目的，战略设计专业贡献颇大，它提供了必要的知识和专业能力。交互设计不仅仅思考人和界面的互动问题，也可以设计组织不同部分之间的互动，塑造业务部门之间的相互作用。传达、媒体和交互设计还影响了公司的市场营销，而关于顾客及其行为的设计研究对企业的成功运营也非常重要。另外，组织内部沟通以及与顾客的沟通都很重要，也早已是设计的对象。我们可以把价值链的关键流程及其设计视作一个项目，项目和流程设计对商业设计也至关重要。由此可见，商业设计是一个综合性的设计工作，需要多个设计专业共同参与才能成功进行。在许多案例中，商业设计是利益相关者之间的合作行为，是复杂环境中商业各组成部分的话语互动。我们需要多个设计专业，才能将这些内容组合塑造成完整的商业。

引　注

1 Richard Buchanan, "Design Research and the New Learning," *Design Issues* 17, no. 4 (2001): 3-23.

2 Klaus Krippendorff, *The Semantic Turn: A New Foundation for Design* (Boca Raton, FL.: CRC Press, 2006).

3 Richard Boland and Fred Collopy, eds., *Managing as Designing* (Palo Alto, CA: Stanford Business Books, 2004).

4 J. Faust, *Discursive Designing Theory: Towards a Theory of Designing Design* (Plymouth, UKT: University of Plymouth, 2015). http://pearl.plymouth.ac.uk/handle/10026.1/3210?show=full.

5 G. Morgan, *Images of Organizations* (Thousand Oaks, CA: Sage, 2006).

6 Ibid.

7 Klaus Krippendorff, "Redesigning Design: An Invitation to a Responsible Future," in *Design: Pleasure or Responsibility*, ed. P. Tahkokallio and S. Vihma (Helsinki: University of Art and Design, 1995), 12.

8 Herbert Stachowiak, *Allgemeine Modelltheorie* (Vienna: Springer,1973), 131.

9 Morgan, *Images of Organizations*, 5.

10 Peter A. Corning, "Complexity is Just a Word," *Technological Forecasting and Social Change* 59, no. 2 (1998): 200.

11 Morgan, *Images of Organizations*, 38.

12 Peter Weill et al., "Do Some Business Models Perform Better than Others? A Study of the 1000 Largest US Firms" (unpublished, MIT Center for Coordination Science Working Paper, 2005), 226.

13 Joan Magretta, "Why Business Models Matter," in *Harvard Business Review on Business Model Innovation* (Boston, MA: Harvard Business Press, 2010), 3.

14 Alexander Osterwalder, Yves Pigneur, and Christopher L. Tucci, "Clarifying Business Models: Origins, Present, and Future of the Concept," *Communications of the Association for Information Systems* 16, No.1 (2005): 17.

15 Mark W. Johnson, C.M. Christensen, and H. Kagermann, "Reinventing Your Business Model," in *Harvard Business Review on Business Model Innovation* (Boston, MA: Harvard Business Press, 2010), 13.

16 Charles Baden-Fuller and M.S. Morgan, "Business Models as Models," *Long Range Planning* 43, No. 2/3 (2010), 160.

17 Ibid., 156-71.

18 Ibid., 162.

19 Ibid., 165.

20 Ibid., 166.

21 Ibid., 167.

22 Alexander Osterwalder, *The Business Model Ontology: A Proposition in a Design Science Approach* (Université de Lausanne, Ecole des Hauted Etudes Commerciales, 2004).

23 Patrick Stähler, "Business Models as an Unit of Analysis for Strategizing," *International Workshop on Business Models*, Lausanne, Switzerland, 2002.

24 Peter Seddon and Lewis Geoffrey, "Strategy and Business Models: What's the Difference," in *7th Pacifc Asia Conference on Information Systems*, Adelaide, Australia, 2003.

25 Osterwalder, *The Business Model Ontology*.

26 Baden-Fuller and Morgan, "Business Models as Models," 156-71.

27 Ibid., 157.

28 Weill, "Do Some Business Models Perform Better than Others?," 226.

29 Magretta, "Why Business Models Matter," 1-17.

30 Osterwalder et al., "Clarifying Business Models," 10.

31 Johnson et al., "Reinventing Your Business Model," 47-70.

论设计作为一门战略艺术

萨宾娜 · 永宁格

37 本文讨论的是设计商业领域日益重要的一个议题：在企业和组织内，将设计视作一种技法 (technique)，或视作一种方法 (method)，还是视作一种战略艺术 (strategic art)，三者有何不同。尽管作用方式或目的不同，设计作为整体对企业、组织和社会的贡献主要表现为这三种形式。然而，什么时候以及为什么把设计当作一种技法，还是转而将设计作为一种方法，又或者什么时候以及如何将设计作为一门艺术？让我们吃惊的是，何时、为何将设计视为一种技法，何时将设计作为一种方法，或者，何时将其当成一门艺术来使用，管理者、专业人士和设计师在谈论这些问题的时候会遇到各种困难。他们之间无法沟通，由此产生的影响很大。这意味着我们很少能全面地运用设计，因为我们谈论方法时往往指的是技法，我们也很难解释作为技法和方法之外的设计，而这一点在将设计商业视作一门艺术时尤为重要。

我发现，很多书籍和资料向读者介绍的设计方法其实是技法，这些虽然有用，但不足以被称为方法。比如，有一些书的书名就宣称书中会介绍很多的设计方法。[1] 还有一些书即便提到了适用于特定设计工作的方法，[2] 但是除了具体的设计技法之外，很少向设计爱好者介绍其他内容。

在为数不多能说清楚这一问题的人中，理查德 · 布坎南试着讲授设计在各个层面的不同之处。在卡内基梅隆大学设计学院时，他开设的一门课程中就已讲解了技法、艺术和方法之间的关系，即：

> 38 艺术是一门集思考、行动和制造为一体的系统学科。它为在设计中运用多种具体方法和技法提供原则和战略指导。与之相反，方法为解决设计问题提供了战术支持。不同方法的关键区别在于特定的知识、学科或科学框架。它们为设计师在具体实践中提供专业知识。最后，技法是用来解决技术问题的具体工具和途径。[1]

在设计商业的背景下，一些组织试图通过设计实现创新和变革以及可持续增长。对他们来说，上述的差异很重要。我们需要厘清和明白为什么设计技法本身并不构成设计方法，而为什么这点会影响到各种类型的组织和目的。[2]在企业中，可以通过以下三种方式引入设计思维和设计方法：作为一种技法，或作为一种方法，亦或作为一种艺术。作为设计技法，设计思维已经很受欢迎。组织通常将其用作工具，大多是使用便利贴和白墙。[3]现在，上网搜索“设计思维”一词，你会看到有无数这样的照片：一面墙上贴着五颜六色的便利贴，人们站在墙前面激烈地讨论。孤立在“特定的知识、学科或科学框架”之外，设计思维只是另一种创造性的技法。

设计商业带给我们的挑战是要把设计视为解决组织问题的艺术。因此，我们不能只把设计思维看作一种技法，而要将其用作一种方法，并在组织中应用。如果我们希望获得新商业模式、新思维模式和新发展模式，就必须把它理解为一种战略艺术，才不会失望。我们如何能把设计思维提升到战略艺术的层面？设计思维怎样才能成为“一门集思考、

[1] 摘自理查德·布坎南的“人类的体验和互动设计：概念，方法，产品”课程大纲，卡内基梅隆大学设计学院 2002 年秋季课程，设计 51-701。

[2] 最近，“方法卡片”流行起来，在设计教育者和设计顾问的工具箱中有着重要的地位。主要咨询公司如 IDEO 和 Edenspiekermann，还有较小的教育机构，如丹麦科灵设计学院（Kolding Design School）和小型设计创业公司，如 Designimpov 都推出了自己的方法卡片系列。在向非设计师和设计初学者介绍基本概念和技法时，方法卡片也是一种很有用的工具。然而，方法卡片本身并没有解释如何、何时以及为什么这些技法可能发挥作用，无法成为一种设计方法。

[3] 任何人想验证的话都可以去核实。

行动和创造为一体的系统学科”，“为设计运用多种具体［设计］方法和［设计］技法提供原则和战略指导”？[1]

如果我们要运用设计的方方面面来推动商业和社会的进步，如果我们要弄清楚设计在日常生活中的角色，那么我们需要关注组织内部如何将设计技法与设计方法、设计艺术相关联。这方面已经有了许多相关的书籍和工具，问题似乎不在于我们不够努力。我们非常清楚，如果脱离具体的实践和行动，想要通过期刊文章和其他渠道来传播关于人类经验、人类环境和人类行为的方法是很困难的。只有通过实践和行
39 动，我们才能把技法置于一个特定的知识、学科或科学框架中。那么，谁来使用这些技法？他们赞同、代表或试图挑战哪类知识、学科或科学框架？这些问题至关重要。正是由于这个原因，大多数关于设计方法的书籍都无法真正导入设计方法。设计方法本身并没有问题。我个人认为，问题在于：坚持用“方法”一词来指代本质上属于技法的东西，使得我们无法把设计当成一种战略手段。此外，如果混淆技法和方法，我们也就无法将设计视为一门能够组织生活和目标的、不可或缺的艺术。

因为技法、方法和艺术的概念很抽象，所以许多人感到困惑，其中也包括设计师和企业管理者，我将用两个故事来解释它们的含义。第一个故事讲述了设计技法和设计方法是如何帮助南非恩德贝勒(Ndebele)妇女的。第二个故事用汉语教学的例子，来说明如何有意识地运用技法形成一种学习方法，在这个案例中是学习汉语的方法。然后，我会更充分地讨论技法和方法的关系。我将进一步探讨布坎南理论中所隐含的内容，即不管是否与全局性艺术相结合，技法和方法都可使用，但是在设计商业时，需要将三者放在适当的位置。

[1] 摘自理查德·布坎南的“人类的体验和互动设计：概念，方法，产品”课程大纲，卡内基梅隆大学设计学院 2002 年秋季课程，设计 51-701。

故事一：串珠艺术中的技法和方法

南非的恩德贝勒妇女以美丽的串珠手艺闻名。串珠的图案和颜色引人注目。她们在瓶瓶罐罐的表面缀满小珠子，也用小珠子制作手镯、耳环、胸针和玩具，包括漂亮的非洲娃娃。对于恩德贝勒妇女来说，串珠的艺术有着悠久的传统。它可以用来讲故事，与人沟通，是群体和社会生活的连结点，也是贸易交换的商品。这门手艺需要恩德贝勒妇女熟练运用基本技巧——一种特殊的串珠方式制作出精美的产品。每个恩德贝勒妇女从孩提时代起就要学会掌握这一基本技法。凭借这种技法，她们将普通的珠子和普通的物件变成卖得出去的美丽商品（图 3.1）。串珠艺术离不开这种技巧。这些技法也会根据珠子的不同尺寸、形状和

图 3.1　恩德贝勒：恩德贝勒串珠手工艺作品 © 萨宾娜·永宁格

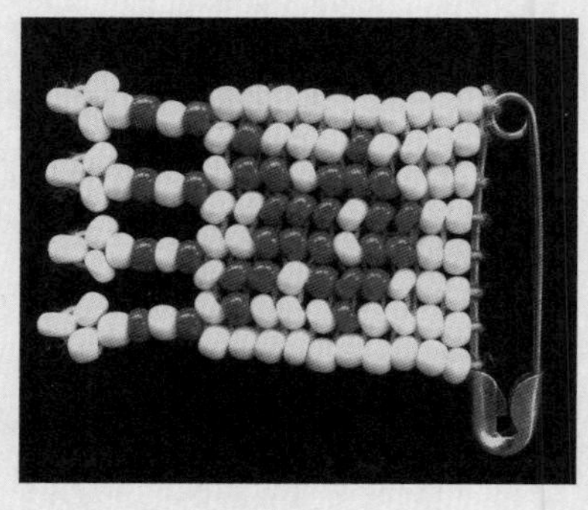

图 3.2 恩德贝勒：恩德贝勒妇女用串珠技法作为方法，帮助宣传预防艾滋病的知识

不同的连接材料而发生变化。她们将串珠制品出售给游客，以这门手艺来谋生。基于这一目的，她们制作和销售串珠，并不需要一种制作方法。相反，恩德贝勒妇女的技法就是她们
40 手艺的基础。但她们在运用她们的手艺时，也会讲究方式方法：当艾滋病在南非肆虐时，政府犹豫不决是否要让国民了解这种疾病，一些恩德贝勒妇女开始使用串珠手艺告诉和教导妇女和女童如何保护自己免于感染（图3.2）。她们没有使用传统的彩色图案，而是用白色和红色的珠子制作了预防艾滋病符号的胸针。然后以这些胸针为起点传播信息。把艺术创作的目的从制作商品转为交流信息和参与行动，恩德贝勒妇女们依靠自己的技法形成了一种方法。

故事二：（语言）教学艺术中的技法与方法

另一个将技法与方法结合起来形成艺术的例子，是向西方儿童教
41 授汉语。除了发音上非常微妙的差别，学习汉语的另一挑战是记住汉字。这个能力不同于记住由字母组成的单词。德国柏林的一名小学汉语教师向我们展示了为什么技法学习必不可少，但不是教学的全部。为了学习一个汉字，她鼓励孩子们动手用橡皮泥捏出汉字的形状。这需要一
42 定技法，既要能让橡皮泥具有可塑性，又要能捏出汉字。然而，这些技法并不足以达到理想的学习成果，即认识和记住一个新的汉字，包括汉字的意义、发音和字形。在这种情况下，制作方法对达成学习目的来说极为重要，尽管这种方法还是以技法为基础，并且要发挥技法的作用。她要求孩子们用面团制作并烘烤汉字形状的饼干。这样，技法之于方法的

图 3.3　汉字形状的曲奇面团
© 萨宾娜·永宁格

重要性就突显出来。为了制作汉字饼干，孩子们先要掌握技法制作出柔软的面团，再把面团揉成正确的汉字形状。他们还需要掌握烘焙技法。孩子们的技法水平决定了每个汉字的形态以及口味。但这个故事的结尾，技法还是让位于方法，因为即便这块中式 / 汉字（此处 Chinese 为双关语）饼干碎了，孩子们还是通过动手参与学会了一个新的汉字（图 3.3）。

技法与方法：作为技法的设计和作为方法的设计
Techniques and Methods: Design as a Technique and Design as a Method

这两个故事说明了技法对我们的帮助不同于方法。技法重在应用
43 的完美性，而方法则在技术应用和完美性之上，强调人与人之间为了实现某个目标或目的进行沟通和参与行动。这对我们在组织中使用设计具有借鉴意义。如果将设计作为技法，关注卓越的产品，我们主要处理的是材料和形式的问题。但目前多数情况下，例如公共领域的设计和新兴的社会设计，评价其完美性和卓越性既不在于材料、技法，也不在于成果。相反，评价的重点是人类的互动和体验。王聪荣（James Wang）抓住了这个问题的关键，他认为职业设计师如果要在公共领域发挥更大的作用，追求卓越和完美反而成了一道障碍：

> 根据亚里士多德的实践智慧理论，造物者——那些以技法工作的人——只关心卓越的产品；与之形成对照的是践行者——他们深谋远虑，旨在建立公正性，非常关注公共价值和社会影响。设计评论家希望设计师也是践行者；但由于设计师本质上是造物者，所以要转为服务公共事业，即便可能也非常困难。[3]

但他只关注了在公共领域内非设计师的设计活动，忽略了许多专业设计师已经在英国、智利、法国、丹麦和美国等国参与公共领域的创新这一事实。只有在这样的情况下，王聪荣的观察才能成立。这些专业设计师正与各级政府，甚至政府部门密切合作，其中包括美国人事管理局，此外，丹麦的思维实验室则与政府各部门合作。人们在这些实践中之所以感到困难，是因为他们合作的公共部门管理人员仅把设计看作一种新的创意工具。他们也很难将其对设计的理解从“作为技法的设计”转到“作为方法的设计”，更无法提升到战略艺术的层面。所有这些说明，我们需要更深入地理解技法与方法的关系。首先，方法依赖于技法。但反过来，技法并不依赖于方法。一种具体的设计技法即便历经锤炼也不能构成一种方法。只有系统地应用多种技法，才有可能形成一种方法。要把技法提升到方法层面，运用设计技法的人不仅要掌握单个技法，还要发展出一套基本原理和系统框架，指导人们如何以及何时恰当地使用具体的设计技法。但世界上没有一本书可以做出这些判断。与技法形成鲜明对比的是，我们无法假设方法的合理性。基于珠子的特点，我们可以用某种线把它们串起来。珠子的材质、形状和结构决定了哪种
44 技法合适或不合适。技法可以说是自给自足的，也就是说，技法本身是完整的。我们可以按照技法特定的步骤进行操作，倘若我们严格按照这些步骤，就可以获得预期结果。但这种严谨性却会阻碍探究。因此，技法不太适合探究未知的事物。技法最适用的是处理具体而孤立的问题。在串珠案例中，要解决的问题是如何用线把珠子串成一定的形状和图案。尽管我们可能不知道最后的样式或形状，但我们明白完成作品所需要克服的困难。技法可以处理这种问题。然而，当我们处在某种未知情境时，单一技法或随机选择的一组技法的作用是很有限的。另外，一名串珠专家或大师不必思考技术之外的问题，如社会问题，也可以提高串珠技法。

技法可以从一个系统方便地迁移到另一个系统。准确地说，设计思维正在发生这样的变化。目前，我们看到了作为一种技法，设计思维已

经从设计领域迁移到商业领域，再到公共领域。但作为一种方法，设计并没有真正进入商业、私人或公共领域。设计思维专家的呼吁印证了这一点。我敢肯定，到本书出版的时候，我们可以一一列出不同层次的设计思维技法培训项目。但这些培训认证的专业人士懂得如何系统地应用这些技法吗？换句话说，他们是否能够运用技法，形成战略方法，从而有目的地、系统地改造商业和管理？

对于许多管理者而言，设计作为一种技法很有吸引力，这是因为他们能够掌握、应用和控制这一技法。更令他们感兴趣的还包括可以测试和试验这一技法，从而改进和完善它。技法可以分为最好的技法、合适的技法和错误的技法三种。这些都提供了一种保障。将设计作为技法的好处在于它不会干扰或挑战当前的组织生活和文化。在提出解决方案的过程中，设计的作用是可控的、局部的。尽管作为技法，设计无法在商业方面发挥其潜能，但仍保留了一个重要且必需的要素：如果我们要织毛衣，我们必须掌握编织技法。如果我们不会织，或者犯了一个错误，毛衣就无法织成。因此，掌握基本的设计技法，有助于商业领域的应用。但是，企业如果想更全面地发挥设计思维的作用，就不能只依靠设计技法，还需要精通如何系统地运用设计。

如果企业做不到这一点，随便选择设计技法是有风险的，因为技法无法实现更大的运营或战略目的。我们常看到组织内不同的部门经常
45 同时进行设计活动和设计项目，却没有得到协调或统一安排。这既浪费了资源，各自孤立的设计工作也无法产生协同效应。论及创新，从技法到方法的转变代表了企业从“正确地做事”到“做正确的事”的转变。当关注方法时，我们会想探究自己的意图。我们想要实现什么？为了谁？我们要的结果是什么？这些问题的答案并不是绝对的，所以我们不能像完善技法那样来完善方法。此外，方法的价值和相关性因人和情境而不同。例如，人们学习的方式千差万别。通过触觉感知汉字形状和趣味烘焙学习语言的方法并不适用于所有人。它可能适合初学亚洲语言的儿童，但可能不适合成年人，因为他们可能更习惯动手写字，甚至用死

记硬背这种传统的方法。在我们从技法转到方法的时候，我们不能再坚持使用这一种或那一种技法。从技术形成方法，我们不能局限于单一的技法，而要把它和许多不同专长的技法“杂糅”在一起。我们可以把一些具体技法改编、创新成一种新方法，用来实现预期成果。在设计的三种用途——技法、方法和战略艺术中，最关键的是我们运用设计的目的。对于设计商业，设计的目的是在组织内形成、执行改革措施并使之制度化。这样，我们面临的是将设计视为一种战略艺术。

从技法到方法再到艺术
Moving from Techniques to Methods to Art

46 技法、方法，以及两者的关系引发我们思考艺术在设计商业中的目的和意义。从上面两个例子中我们发现，有一种艺术可用于明确和制定合适的设计方法，还可用于恰当地运用技法，通过设计产品和活动来探索和完成某个特定目标。这说明这种艺术包括一系列技法和方法。没有技法和方法，就不会有艺术。然而，技术和方法也可以独立于艺术之外，在没有整体战略或目的时，人们也可以运用技法和方法。这使我们认识到作为组织内的战略艺术，设计技法、设计方法和设计三者的作用各不相同。

许多企业仍把设计看作一门独立于组织之外的艺术。因此，他们把设计用作一种技法，就像恩德贝勒妇女运用串珠的技法来创作艺术一样——区别是微妙而又重要的，许多企业没有适用于这些设计技法的总体技术。这些企业没有整合或形成整体的设计战略，反而把钱花在许多其他设计工作中，比如联合设计工作坊、用户测试等，希望可以扩展现有的研发方法。

当组织把设计的各种元素视为机械齿轮时——如希瑟·弗雷泽(Heather Fraser)建议企业需要一系列设计齿轮：第一个用于增强同理心，深化对用户的理解；第二个用于增加概念的可视化；第三个用于加速战略商业设计[4]——这种理解是将设计思维用作一种技法，而不是一种方法或艺术。在真实的组织生活中，这也是现实结果。我不愿去回忆自己经常参与的那些活动，它们产生了无数的便利贴和海报，但随着时间的流逝都逐渐消失了。这些活动的组织者分享了技法，但无法系统地、策略性地使用这些技法。一次性的设计练习让参与者相信，可以把设计思维用于某个过程，而不是作为一种综合性创新方法的基础。后者更加复杂、费时费力，需要努力奉献和远见卓识。

如前所述，方法为我们探究事物、问题和情境提供了路径。当我们考虑方法时，我们思考的重点是：如何实现目标，以及我们是怎样知晓这些的。

组织每天都在开发、应用和完善各种技法和方法。使我们更加困惑的是，我们在组织中还发现了不同的艺术。但如果我们不将艺术和美学理论的概念扩展到组织体验和管理问题上，就会造成更多麻烦。[5] 毫无疑问，技法和方法把艺术带入了组织生活。设计作为一种战略性组织艺术，需要人们熟练运用技法，鼓励人们通过各种方法探索那些关注人类体验的管理、组织和商业问题。作为一种战略艺术，设计渗透到组织生活中，其艺术的产物就是组织本身。作为一门艺术，在设计商业中设计能发挥的作用如下：

> ……将不确定的状态变得可控或方向明确，能够确定各个组
> 47 成成分的区别和关系，从而把原始状态的各个部分组成一个
> 统一的整体。

设计的艺术和作为战略艺术的设计
The Art of Design and Design as a Strategic Art

我们发现，当我们最大限度地挖掘设计的作用（即技法、方法和艺术的各个方面）时，想要发挥设计全方位的优势却非常困难，这一点令人困惑。在组织中，不论是私营组织还是公共组织，我们看到设计仍处

于“被管理”的状态,像设计那样管理的理念[6]和设计商业常常被直接否定。因此,作为战略艺术的设计在组织中仍处于孤立的位置,人们也不认为设计是艺术家以外的人体验、创作或能够创作的事物。

一些设计学院将自己视为艺术或关于艺术的场所,[7]对这些院校来说,设计向战略艺术的转变同样令人迷茫和困惑。在这样的组织中,管理者长期将管理与艺术分开。在此过程中,管理会不自觉地支持一种观点,即设计对组织的核心贡献仅限于技法应用。所以,设计被描绘成这样的艺术——“归属于一个单独领域,在这个领域中,设计与人类所有其他形式的努力、经历和成就在物质上和目标上的联系都被切断了”。[8]

设计要成为一种战略艺术,它必须是人类“所有其他形式的努力、经历和成就”的一部分。无法理解设计是组织问题、管理问题、企业问题的一部分,既是组织将设计用作一种技法的原因,也是这类组织的症状。

这反映出设计教育中一个日益凸显的问题,那些将设计视为完整的艺术,并从中获得最大利益的机构,往往是阻止商业机构将设计视作或用作技法之外的事物的中坚力量。如果坚持认为艺术属于艺术家(即设计和设计师),就会把艺术束缚在艺术工作室、工作坊和教室这些特定的场所。有关材料和造型的培训项目提升了设计专业学生和工作人员的艺术技法(即时尚设计、产品设计、沟通设计、设计思维、设计管理),无论这些培训项目有多好,对组织的贡献也只局限于技法层面。这满足了企业将设计视为技术能力之一的需求,还传达了一种观点:企业是设计的场所,但其本身并不是设计。

48 企业要从设计的场所转变为设计的对象,因为我们不仅要将设计理解为一种技法,一种方法,更要视其为一种战略艺术。有许多组织已经开始探索自己的组织设计实践和方法,但发人深省的是,其中只有少数是设计院校。大部分设计研究的任务似乎留给了管理学院(如美国俄亥俄州克利夫兰市凯斯西储大学的魏德海管理学院)、商学院(如丹麦的哥本哈根商学院),以及越来越多的公共政策学院(如美国卡内基梅隆大学的亨氏公共政策学院和位于纽约的新学院下设的米蓝诺政策管理与环境学院）。虽然它们没有明确声明，但都在努力将对设计的理解从技法或方法转变为战略艺术。这一改变并不容易，有一些企业人士还无法适应，因为他们害怕犯错，害怕在面对不熟悉的情况时做错事。但是，如果我们更关心方法的正确应用，也就是说，更关心“正确地做事”而不是“做正确的事”，那么任何方法都会退化为一套技法。“做正确的事”让我们可以提出问题，但“正确地做事”却阻碍了探究的各种可能。

结论
Concluding Thoughts

总体而言，设计能为企业和组织贡献很多。我们越清楚这些贡献是什么，就越能从这一人类活动中获益。我们无法停止设计——不能也不应该阻止人们从事设计，但我们要更加清楚设计意味着什么，设计能做什么。本文的目的是讨论作为技法、方法或艺术的设计如何以不同的方式为企业和组织做贡献。随着设计进入新的实践和研究领域，熟练应用设计技法，如同熟练应用其他研究方法一样，还是会有用的。但在设计商业的新格局中，研究本身需要我们更多的关注。我希望本文厘清了技法、方法和艺术之间的区别，可以帮助我们理解、运用、熟悉设计商业的新框架。

既然技法、方法和艺术相关却不相同，那么我们在理解设计商业时对这三者要格外留心。对设计专业人士和设计教育者来说，这么做或许没有立竿见影的好处，对企业管理者来说，似乎也不值得花时间对设计开展“哲学讨论”，但是，如果要用设计商业来解决组织和管理问题，那么
49 这三者之间的区别尤为重要。设计方法相关的书籍资料的确能帮助人们掌握技法，但是光有这些资料是不够的，需要补充如何系统地、有策略地运用设计。在此，我们并不是呼吁要停止分享设计技法。相反，我们其实需要更多书籍来介绍和讨论设计。本文只是一个倡议，我们应清楚地区分设计作为技法、方法以及战略艺术这三种情况，也欢迎大家更充分地参与到与商业和管理相关的设计对话中来。

引 注

1 R. Curedale, *Design Methods 1: 200 Ways to Apply Design Thinking* (Topanga, CA: Design Community College, Inc., 2012); R. Curedale, *Design Methods 2: 200 More Ways to Apply Design Thinking* (Topanga, CA: Design Community College, Inc., 2013); Vijay Kumar, *101 Design Methods: A Structured Approach to Innovation in Your Organization* (New York: John Wiley., 2013).

2 Jesper Simonsen et al., ed. *Situated Design Methods* (Cambridge, MA: MIT Press, 2014).

3 J. Wang, "The Importance of Aristotle to Design Thinking," *Design Issues* 29, no. 2 (2013): 4–15.

4 Heather Fraser, "Designing Business: New Models for Success," *Design Management Review* 20, no. 2 (2009): 57–65.

5 John Dewey, *Art as Experience* (New York: Minton, Balch & Co., 1934).

6 Richard Boland and Fred Collopy, eds., *Managing as Designing* (Palo Alto, CA: Stanford Business Books, 2004).

7 Jolanta Artiz and Robyn C. Walker, eds., *Discourse Perspectives on Organizational Communication* (Plymouth, UK: Fairleigh Dickinson University Press), 42.

8 Dewey, *Art as Experience*, 3.

第二部分　组织的发展

设计和管理中的挣扎与奋斗

小理查德·博兰

> 艰难困苦激励着我们,鼓舞着我们;
> 胜利的时刻却带来了空虚。
>
> ——威廉·詹姆斯 (William James)

53 在这个充满冲突、矛盾和未知的世界里,设计师和管理者都在努力处理棘手的问题。设计一个重要的人造物也好,管理一家企业也罢,都是在寻求一个梦幻般的理想。在这个理想中,设计师和管理者都在塑造和重塑他们专业实践的材料、技术和传统,来创造新的世界。我认为设计过程与管理过程中的挣扎和奋斗是相似的。这个观点与媒体以及大众文化,尤其是西方文化中常见的误解迥然相异。

第一种误解和重要人造物的设计过程相关,属于我们的日常共识,这种观点认为巧妙的设计是灵感的产物,是一瞬间迸发出来的灵感,从天而降。这种观点忽略了创造新事物过程中设计师的努力、自我怀疑和挑战,取而代之的是一种近乎神奇的预知能力,可以预期即将发生的事情。

第二种误解和管理行为有关。在商学院的课程体系中普遍存在的这种观点:管理的本质是做出决策——管理者从诸多备选的行动方案中做出选择。管理者确实要参与决策的时刻,但和设计师一样,他们也要先克

54 服很多困难，面对种种不确定性和矛盾，例如认识到行动的必要性，明确问题，提出备选方案，协商多方观点，平衡动态局势。

这两种常见的误解反映出人们对艺术家和管理者有着相似的态度。两种误解都认为艺术家和管理者是参与到环境中的，在某种意义上已与环境浑然一体。人们认为，设计创作在某个灵光乍现的时刻，以一个整体的形式呈现在艺术家面前。管理决策也以整体的形式呈现给管理者，其中包括了提出的问题和已知的备选方案。如果艺术作品和决策方案以这样的方式呈给艺术家和管理者，那么设计和组织的工作似乎就没什么难度了。如果管理者的分析能力足以计算出最好的方案，并做出明确的选择；如果设计师的技能足以实现预期，并完整地呈现人造物，那么一切都会顺利。

对比上述常见误解，我想谈谈对设计师和管理者的另一种理解，这源自他们的实际经验，强调的是设计师和管理者历经缓慢的、艰难的，甚至痛苦的过程，尝试塑造新的可能性。面对无限的可能方案和不确定的未来，设计师和管理者都在努力使工作变得有生命力，但他们却被困在眼前的局限性和创造未来的开放性之间。

他们都在为创作什么和如何开展工作而苦恼；期盼成果受到社会重视，又要尽力避免重复过去。他们希望走出舒适区来创新，又不想冒犯别人——让公众收获惊喜而不是惊吓，既出乎意料又能令公众满意。在这个求索的过程中，没有规则可循，也无法通过某个灵感或某次决策分析就能得到可靠的答案。尽管如此，他们还是继续努力，克服各种困难，用全新的方式创造价值。

设计师的挣扎与奋斗
Struggle by the Designer

在魏德海管理学院，我们有幸请到建筑大师弗兰克 · 盖里 (Frank O. Gehry) 来设计学院的大本营——彼得·刘易斯 (Peter B. Lewis) 大楼。我们和他一起经历了规划、设计和建造的过程，并且以他的实践、过程和技术

55 为对象开展了一系列研究项目。这种造型复杂大楼的设计和施工是一项巨型雕塑工程，必须使用三维 CAD 系统建模。为了能按照他的设计建成复杂的平面几何形状，需要建筑师、合作方以及施工人员使用最初为航空航海业开发的软件工具。但是对盖里来说，困难不仅在于施工，大楼设计的过程本身也很艰难，正如他在 2004 年 12 月 6 日接受采访时所说：

> ……大楼曾在你的脑海中一闪而过。一旦我知道了规模和项目，这些全部都混杂在我的记忆中。然后，我可以尽情想象那座建筑。我画出轮廓，做出模型。这些都是想象的一部分。在努力实现那些无法碰触梦境的过程中，它们带给我信息，帮助我想象。我也凭直觉予以回应。但是梦中意象转瞬即逝。它总是令人难以置信。
>
> ……这些想法留在我的记忆里，无法抹去。但是，如何在两到三年内建成大楼，将梦境变成现实？又如何能在现实中保留梦中意象的特点？……你在寻找，一直不停地寻找。你仿佛置身于雾都，寻找某件东西。你不知道要去哪里，但你有个大概的印象。
>
> 你差不多可以画出它的轮廓，差不多可以做出模型，但这些轮廓和模型都是不准确的。你总是觉得有所缺失。所有这些和那个意象相比总缺少了一些什么。实际上，你永远不会完美地呈现那个意象。所以，这些模型和轮廓都是实现那个意象的尝试。你做出一个模型，观察它，然后会说："不，这不是它。"

对盖里来说，设计和建成一栋建筑是持续的、实实在在的挣扎，追寻他永远无法在现实中完整呈现的梦境。

> 在［大楼］施工时——直到此刻你都一直做着这个意象的梦，特别是看着大楼拔地而起——眼前出现那些本来能做的、本来会做的、本来该做的，林林总总。这就是为什么当你第一眼看到竣工的大楼时总会失望。这很难向客户解释。他们刚斥巨资建成了大楼，而你一看，却很失望。
>
> 他们无法理解为什么会这样。所以我尽量不告诉别人
> 56 我的失望，因为其他人无法真正知道我梦中的意象。你猛然惊醒，发现现实远没有你想的好，这让你很痛苦，但你会在下一个项目中成长。

另一个艺术家也提到过把想法变成现实的痛苦，他就是文森特 · 梵高 (Vincent van Gogh)。在写给弟弟提奥·梵高 (Theodorus van Gogh) 的信[1]里，他详细地描述了在绘画或美术作品中达到预想效果十分困难。以下是对那些信件的摘录。

> 亲爱的提奥：
>
> 莫夫 (Mauve) 指责我曾说过“我是一名画家”。这句话我不会收回，因为显而易见，这是我一直在追寻但始终未能达到的目标。与这意思截然相反的表达是：“我全都学会了，我已经是一名画家了。”按照我的理解，“我是一名画家”的意思是，“我在努力追寻这个目标，我正在全力以赴。”
>
> 1882 年 5 月初于海牙

……

总之，我想让人们如此评价我的作品：这个画家的感情深沉而敏锐……

现在说这种话似乎有些自命不凡，但我之所以全身心地投入绘画，就是为了得到那样的评价。

……虽然我经常坠入痛苦的深渊，在我的内心深处仍然保留着平静、纯粹的和谐与音乐。在一贫如洗的棚屋，在肮脏污秽的角落，我看到了可以画入油画或素描的场景。我的思想被不可抗拒地推向这些东西。

……艺术需要艰苦地工作、不顾一切地工作，以及持续不断地观察。

1882 年 5 月中旬于海牙[1]

……

我很难准确把握那片土地的色彩浓度，所以也就无法描绘出它的硬度——直到开始作画之后我才发觉，即使是在傍晚，树林里的阳光也很充裕——但我无法将那些光芒捕捉到画面之中，我无法呈现出那浓烈的色彩。

……作画的同时，我对自己说：在画出秋日傍晚的神秘韵味之前，绝不能离开。

57 ……从某种意义上说，我很庆幸自己从未正式学习过绘画。那样的话，我的老师很可能会教育我不去理会这种色彩效果。现在我可以告诉自己，这就是我想做的——如果自学成才这条路走不通，我也只能认命——虽然我不知道该

[1] 根据中文版《亲爱的提奥》，这封信是写于 1882 年 7 月 21 日的。见 [荷] 文森特·梵高 . 亲爱的提奥——梵高传 . 汪洋，译 . 天津：天津人民出版社，133-134。——译注

怎么做，但我还是会努力去尝试。我不知道我是怎么画出来的，我只是拿着一块空白的画板，坐在令我着迷的景色前面，看着我眼前的一切，告诉自己：我必须在这块空白的画板上画出些东西。然后我回到家中，觉得自己的作品不尽人意，将其放到一边。等我休息一会儿，回去再看，竟然心生敬畏。但我仍然不满意，因为我的画同我脑中的那幅美景还相去甚远。然而，你也能从我的作品中看出，我多少捕捉到了一点韵味。我知道，我听懂了那幅美景告诉我的话，还用手中的画笔将这些话速记下来。我的速记稿里也许有无法辨读的文字，也许有错漏，但肯定记录下了树林、海滩和人说过的只言片语……

1882 年 9 月初，周日清晨于海牙[1]

盖里和梵高描述的遭遇非常类似。朝着崇高的目标，为了理想而奋斗，尽管不知如何实现——打破传统，发明技术，一遍又一遍地尝试捕捉缥缈的意象或感觉。虽然屡屡受挫，感到沮丧，但他们仍继续朝着那难以捉摸又无法形容的目标努力。

管理者的挣扎和努力
Struggle by the Manager

和设计师的努力一样，追寻永远无法言明的理想这一点也能从管理者的经历中看到。例如，管理者在处理各种类型的难题时，会采用一些非常规的组织控制手段。我对此展开了研究。从我们的研究案例中

[1] 以上三封信的译文出自 [荷] 文森特·梵高 . 亲爱的提奥——梵高传 [M]. 汪洋，译 . 天津：天津人民出版社，106-147。——译注

可以看到，盖里在建筑设计和施工方面的创新、近海钻探合作的创新、全球各地的软件开发团队的创新，都打破了管控复杂项目的传统方法，引发了传统管理人员的焦虑，迫使他们去面对充满矛盾的局面。在这一局面下，关于项目控制、效率、风险管理、权力、组织文化和语言的传统理念都受到挑战，我们需要发明新的组织方式。

在这些案例中，管理者逐渐进入一个未知的领域，他们放弃公认的方案和理智的做法，反而不断尝试与业内长期共识相矛盾的新管理方
58 式。我将以盖里的建筑项目为例。从中我们可以看到，管理方式和他的设计过程一样，充满了张力和斗争。这一努力的初衷是希望取得公认的组织方法达不到的显著成果。

在建筑行业中，（正式和非正式）合同的标准制定流程历经几个世纪的发展，可以平衡紧张关系，降低大型复杂项目的整体风险。建筑工程的标准管理特点包括：

- 公开竞标，选择价格最低且能胜任的投标方，可以减少费用过高的风险。
- 修改工单须严格按照合同文本和图纸，明确增加成本的责任归属，可以降低成本超支的风险。
- 为避免投标过程中出现不公正或串标行为，定标前各方之间应尽量避免沟通。
- 为了便于审计，延迟 45 天或以上支付承建方款项，还可以避免超额支付和损失货币的时间价值。
- 控制施工现场的各个系统，将超范围、超成本、未经授权的作业等风险降到最低。
- 业主、承建方、建筑师和顾问之间的沟通要层层审批，避免未经授权的决策风险。
- 为参与项目的每家企业投保专业责任险，预防专业人员疏忽或误判。

从表面上看，所有这些做法都是明智的，并且随着长期使用，也逐渐成为公认的标准。但当技术革新、代表性做法和工作方式发生变化时——这在整个工业界越来越常见，管理控制系统中这些受传统束缚的因素就无法发挥预期的作用。公开招标制度成为了承建商的游戏。他们可以利用合同文件中含糊不清的措辞，用不同的表述方式在施工过程中要求增加费用（变更工单），但这工单可能是十分关键的。由于各方尽量避免沟通，结果阻碍了学习，造成用陈旧的、不合适的施工技术来处理新问题。延迟付款也让变更工单的把戏得逞，承建商可以针对有争议的索赔进行申诉和收集数据。

施工现场的管理人员如果只知道运用电子数据表，把力气花在找理由支持变更工单上，就会阻碍项目团队间的协作沟通。层层审批，用
59 合约明文规定的形式相互交流，而且相关企业都得逐级批准签字，这还会拖慢解决问题的过程，并增加成本超支的风险。为每类专业人员分别制定专业责任文件，加大了项目沟通的动力，从而把变更工单的责任归给其他团队的成员。

简而言之，从建筑项目的组织管理中，我们发现了一个关键问题。项目的成功有赖于所有参与方之间的沟通——沟通反映出他们在联手解决问题中的合作意图。在多家企业参与的大型项目组织管理中，企业之间的团队工作越来越普遍。但是，所采用的管理控制系统通常将多家企业的合作简化为一家企业内多个部门之间的合作，而且在部门之间营造出竞争氛围，而不是整合多家彼此独立且存在竞争关系的企业，去共同完成一个建筑项目。这两种相反的逻辑，会导致原本用来降低项目风险的管理控制方法反而增加了项目风险。

建筑业的案例
Examples from the Construction Industry

下面我将介绍盖里和建筑行业的一些研究案例。

鱼雕塑项目：一个减少对项目的管理控制，以增加项目成功机会的案

例。盖里建筑师事务所在盖里给巴塞罗那奥运会的提案——鱼雕塑的设计和施工中首次使用了三维软件工具。弗兰克·盖里的高级合伙人，吉姆·葛立夫 (Jim Glymph) 解释得最清楚：

> 第一个（使用三维的）项目是我们有史以来最成功的项目……按照原计划，它将在奥运会开幕前完工，然而当我们决定要建造该项目时，离奥运会只有 9 个月的时间了。所以我们……说服承包商同意我们不出施工图，而是采取无纸化的生产方式。最后……我们提前一个月完成了项目。大家都挣了钱，没有额外的费用产生——这是前所未有的。
>
> ……我们确实这么做了，前提是必须取消项目经理，放弃整个管理流程，因为这些流程都太慢了……很多工作都是在规则之外进行的，基本上，大多数工作其实与层层的监督
> 60 和管理无关，与直接负责建造的人有关。只需要稍加管理，防止工作偏离正常的轨道。
>
> 我们并没有放弃对质量的控制，更没有放弃管理。我们只是取消了在多数情况下不必要的管理……我们还没机会再做一个无纸化的项目，因为我们的环境不容许我们放弃所有的规则。所以这一次无纸化工程虽然是最有效、最成功的一次，但也是唯一的一次。
>
> 吉姆·葛立夫
>
> 2002 年 11 月 9 日

体验音乐项目：如何解除决策层的监督，以改进决策。在西雅图的体验音乐项目（后来被称为 EMP 博物馆）中，霍夫曼建筑公司 (Hoffman Construction) 以独特的方式组织了项目团队。通常情况下，项目团队包括承建商、业主和建筑师事务所代表。遇到问题时，这个团队会进行讨论并商定替代方案，返回各自公司进行工程研究、内部商讨，在下一次团队会议或约定的最后期限前给出答复。在建筑项目中，这一标准程序降低了采取次优行动的风险，也避免了团队达成的一致意见却被公司上级否定的情况。但是，这样做也增加了决策所需的时间，拉长了问题解决的过程。

在EMP 博物馆中，霍夫曼针对项目的高度复杂性作出了回应，组建了一支新的团队，包括通常情况下的所有代表，以及其他参与决策的顾问、工程师和制造商。他们明确了一条规则，即所有决定都在团队会议上完成。这是对协调机制的重要改动，尽管增加了风险，可能会因此付出高昂的代价，但也创造了真诚合作的氛围和强大的创造力，这也是许多资深代表经历过的最难忘和最激动人心的项目。

麻省理工学院斯塔特科技中心项目：取消过失疏漏责任险，以降低风险。每家从事大型建筑项目的专业公司（建筑师、工程师、咨询顾问等）都会购买专业免责保险，避免因过失或疏漏而造成的损失赔偿。这是非
61 常明智的做法，但却阻碍了合作，因为这样做是为了保护某个专业群体免于赔偿，而把责任推给其他机构。盖里的麻省理工学院斯塔特科技中心项目聘请了一家保险公司为整个项目编写了一份专业免责文件，涵盖了参与项目的所有建筑师、工程师和专业顾问。这样做，虽然会使错误归责的难度增加，也可能会使犯错误的几率增加，导致风险加大，但是这种创新的保险政策鼓励所有专业人员开展合作，减少了规避策略，索赔诉求反而比一般项目降低了。

麻省理工学院斯塔特科技中心项目：加快现金支付，减少变更工单的需求。传统上，多数从事大型建筑项目的公司按月提交当月工作应付费用的发票。这些发票金额还包括因“变更工单”产生的、合同之外的费

用。承建方声称，工作范围内的变更产生了额外的费用，业主应补偿超出合同内容的金额。而业主按传统会在收到发票后 45 天或更久支付。从提交发票、处理变更工单纠纷到最终付款，这个过程很漫长。

在麻省理工学院的项目中，学校改变了支付政策，若变更工单没有公开争议，便可在 24 小时内付款。这一组织管理的变革会增加以下风险：无法妥善审批付款额，可能出现不合理的款项。而且，这也降低了学校资金的时间价值。尽管如此，这一变革极大地减少了更改工单的请求，使得项目沟通更多的是在解决施工问题，而不是认定责任和索赔。

组织离岸石油钻探项目的研究案例
Example from a Study of Organizing for Offshore Oil Drilling

减少一个合作方对技术工程的监管，有助于提高技术工程项目的成功率。[2] 西非的海岸线蕴藏着丰富的石油。然而，这些油田位于离海岸数
62 英里的深水中，因此开采费用高昂，风险很大。这个特殊案例属于一个大型多项目研究的一部分，我们采访了西非一家石油天然气合资企业的非运营方，这家价值数十亿美金的企业由非运营方和运营方双方投资（各占股 50%）。尽管运营协议旨在通过独立设计和严格定义的业务控制链来降低风险，但运营方的文化和工作程序仍主导着合资企业的运营。

非运营方的管理人员和技术中心位于美国得克萨斯州的休斯顿，而运营方则常驻英国伦敦。在合作初期，非运营方认识到地理上的差异造成了合作双方的信息不对称，会损害非运营方的利益。于是，非运营方把高级管理人员搬到伦敦，更靠近运营方的管理层，而他们的技术人员则继续留在休斯顿。因此，为了缩短运营方与非运营方管理人员之间的距离，非运营方宁可将自己组织内部的团队拆分。

这家合资企业需要双方就油田的状况和可行的技术方案达成技术协议，但分在大西洋两岸的两个技术团队无法达成一致。合资企业的组织架构原本是想依靠双方母公司的技术力量来降低风险。两个技术团

队（被大洋分隔）相互干扰，无法合作得出更好的工程解决方案。合资企业内部的冲突为工程进展蒙上了阴影，更无法形成最佳技术方案。后来，在伦敦的运营方和非运营方管理部门达成一致，决定放弃休斯顿的技术评估部门。这样一来，为了明晰工程设计、提升技术决策的速度，这家合资企业宁可浪费了工程技术资源。

组织管理中的语言：为词汇的维持和改变而努力
Language in Organizing: Struggle in Maintaining and Changing Vocabularies

全球分布式的软件开发团队中语言的动态变化。我们的研究小组在凯斯西储大学针对多个分布式团队展开了研究。我将重点介绍亚历克斯·希图尔斯（Alex Citurs）进行的一项研究。他探讨了分布式软件开发团队中语言的动态变化。他提出软件开发团队在一个项目中会周期性地经历危机，他们需要尽力解释正在发生的事情，解释继续项目意味着什
63 么。他认为语言的变化存在着一定模式，这是危机时刻的努力结果。他希望通过研究能发现一定的规律：

1. 从使用隐性语言改为使用显性语言；
2. 新词汇出现；
3. 语言使用的综合复杂性增加（不同概念的数量和视为整体的相关概念的数量）。[3]

2001 年，他对一个分布式软件开发团队进行了为期 6 个月的研究。该团队的成员分布在美国、印度和英国。希图尔斯发现他们确实在工作中经历了周期性的危机。他还发现，危机的周期与新词汇的大量出现、综合复杂性的增加，以及隐性语言相关。危机过后，他发现新出现的词汇减少了，综合复杂性也降低了。但更有趣的是，他发现语言的这类变化在整个项目中处于持续波动状态。在这些起伏中，危机出现的时刻与波峰相关。即使团队成员没有意识到身处危机，波动起伏仍会持续。

本地（同地配置）和全球（分布式）的组织逻辑之间存在一定的冲突，分布式项目中的知识工作者会觉察到紧张关系，而关系的不断变化造成了语言中的这些变化波动。本地与全球的紧张关系和由此产生的波动是持续性的。当面临紧张关系时，语言使用体系会瓦解，但总能被修复，哪怕之后还会崩溃。

随着语言变得越来越含蓄，越来越依赖非言语形式的理解，综合复杂性也降得越低，知识工作者越来越接近本地经验，并且愈发依赖隐性的本地实践逻辑。在这一趋势下，全球逻辑就变得不那么重要了。针对本地实践中发生的事情，全球性的术语并不适用，反而会使团队之间的交流受到影响。因此他们的语言开始转变。他们努力修复崩溃的语言体系，使之变得更加显性；他们发明新的词汇来描述不适用全球逻辑的本地经验，同时用更综合而复杂的词汇把本地经验的多样性补充到全球框架内。

在强化全球逻辑的过程中，又有新问题出现：本地的实践受到全球逻辑和措辞的拖累。团队要花时间来解释含义，使用错综复杂的推理，发明新的词汇。这样的工作效率非常低。他们转而使用更符合本地逻
64 辑的另一套词汇。语言体系总在瓦解，又总以一种不断逆转的方式被修复，这高度概括了人在组织管理中所做的努力，这是令人激动的。这也是我们存在的一方面，在日常经验中并不明显，但在对分布式实践的深入研究中却凸显出来。

语言的动态性对我们来说一般都比较隐蔽，我认为，这是因为我们总是以思考空间的方式来思考时间。对我们来说，时间的临时性(temporality) 是无法用语言表达的，也无法用自己的方式来思考。为了能用语言表述时间的临时性，必须要将时间的概念转化为空间的表示形式，即将时间显示为笛卡尔空间中的一条线。时间的持续可以被看作沿直线运动。体验的瞬间是这条线上的一个个小点。通过这种方式，我们可以在一个空间框架内分析语言的使用和学习的动态性，但同时这个空间框架抑制了完整的时间感。

这表明，组织管理中不同形式的努力最终都与空间和时间的基本概念有关，这些基本概念构成了我们对组织体验的理解。但这已不是本文的主题。

像设计一样管理：教育和研究的意义
Implications for Education and Research on Managing as Designing

认识到渗透入组织管理经验中的努力和挣扎，其主要意义在于，我们可以把管理者视为一种主动创新者，而不只是在不同方案中做出选择的分析专家。我们生活在一个日新月异的世界里，需要一种设计的态度，这种态度根植于以下假定:无论当前的情况如何，我们总能做得更好。我们虽然在边际意义上无法持续改进，也不能承诺更高效率，但从变革意义上来说，管理者的职责包括了要重塑他们正经历和创造的世界。

长期以来，我们的教育机构都把管理者描绘成被动的角色，他们接受这个交到他们手中的世界，并在已知的范围内设定改进目标。我们过于崇拜那些不以产品或服务的形式创造价值的金融“奇才”。毫无疑问，他们为成长中的企业提供信贷是对经济做出了宝贵贡献。但正如我们在当前金融危机中所看到的那样，这不过是华尔街的赚钱方式。他们的收入来自金融工具市场的投机行为，他们通过发明工具来投机赚钱，他们也通过从生产系统中的大量交易中抽取少量份额来赚钱，却不会对创造的过程起任何作用。

65 越来越多的商学院正朝着更注重设计的教育方向发展，帮助学生拓展开发新产品和服务所需的技能和知识，并将新的组织形式引入其中，这似乎是可喜的转变。设计在商学院课程中渐受关注，创业、战略、信息系统、市场营销、会计和其他商科将会从中受益。我们的毕业生在人文通识教育上也将更加全面。他们能认识到有必要去挑战和重塑熟悉的组织和管理方式，更能意识到自己肩负着为社会创造价值的更大责任。

最后，我要说的是，如果我们认同在组织管理中存在着这样的挣扎和努力，我们就会更加关注充斥在管理者生活中的道德问题，而这也许是最重要的。我们希望管理能成为一项高尚的职业。我们会发现,我们的毕业生正在发明积极的方法来改善人类生存状况,摆脱被动决策者角色的束缚。我们要教育学生成为真正的领导者,他们的设计和组织能力能配得上并代表着人类的最高理想。但教育的转变始于研究的转变,研究的转变能帮助我们理解人在组织管理过程中所做的挣扎和努力,就像人在创造真正艺术时所做的纠结和努力一样。随着我们的研究越来越多地关注实践中长期存在的问题,我们要开发新的教学方法来指导学生的设计理念和方法,从而引导未来的领导者创造性地去追寻人类的福祉。

致谢
Acknowledgment

本文材料部分基于美国国家自然基金资助的项目(IIS-0208963)。文中表达的任何意见、研究发现和结论或建议由作者本人负责,不代表美国国家自然基金的观点。

引 注

1 Van Gogh Museum, "Vincent Van Gogh the Letters," Amsterdam, Huygens ING, The Hague, 2009. http://vangoghletters.org/vg/copyright.html.

2 R. Boland, A. Sharma, and P. Alfonso, "Designing Management Control in Hybrid Organizations: The Role of Path Creation and Morphogenesis," *Accounting, Organizations and Society* 33 (2008): 899–914.

3 Alex Citurs, *Changes in Team Communication Patterns: Learning during Project Problem/Crisis Resolution Phases: An Interpretative Perspective* (PhD thesis, Weatherhead School of Management, Case Western Reserve University, 2002).

三千年历史的设计商业与组织

肯·弗里德曼

67 设计商业本质上是设计人类组织，从而产出系统、服务和产品。设计公司，如 IDEO、尼尔森·诺曼（Nielsen Norman）和政策实验室（Policy Lab），按照“设计四秩序”框架，从某一设计视角来处理这些问题，这一理念是很新颖的。管理咨询顾问和专家正采用设计思维来开展工作，这也是全新的。但组织设计并不是新事物。这个词作为管理学术语始于 20 世纪 40 年代，但组织设计的理念却要早得多。人类有目的地设计组织的历史非常久远，可以追溯到先民们基于习惯法和公认的基本法律原则来组织政府并从事治理。有关组织理论的第一批文献包含在哲学、宗教或政治科学的典籍中。这是因为关于组织和人类生活的早期论著都汇编在智慧文学[1]中。还有可能是因为早期思想家相信生活与人类体验的各个部分都是密不可分的。

关于组织的早期文献并没有明确描述组织如何运作，而是对组织部落、宗教行为、文化或社会做出了部分规范性说明。除了指导个人行为，《圣经》的前五卷也详细描述了如何组织公共生活，进行法律审判，开展崇拜活动，以及如何组织社会系统来开展这些活动。在《出埃及记》
68 （Exodus）第 18 章 13—26 节中，摩西的岳父叶忒罗提出了权力分配的建议，由此形成了由十二个部族构成的首个司法系统。《出埃及记》第 29

[1] 智慧文学，Wisdom Literature，是公元前数世纪间出现在古代近东民族日常生活中的一种独特文体。《圣经》中的《箴言》《雅歌》等均属于此类文体。详见：[美]克利福德．智慧文学[M]．祝帅，译．上海：华东师范大学出版社，2010．——译注

章 1—37 节和《利未记》(Leviticus) 第 8 章 1—36 节规范了祭祀仪式，确立了祭司的合法继承权。《申命记》(Deuteronomy) 确定了法庭和王室的组织规范、对政府领袖的要求以及继承法规。早在公元前 1000 年，埃及人就有了一份《阿曼尼摩比之训诲》(*The Instructions of Amenemopet*)，相当于公共服务手册，以片段形式保存下来。这本埃及公务员的培训手册和专业实践指南中的部分章节保留在《圣经》中。在《箴言》(Proverbs) 第 22 章 17 节— 第 24 章 22 节中，我们仍可以读到阿曼尼摩比给年轻管理者的建议。

大约公元前 800 年，赫西奥德 (Hesiod) 创作的《工作与时日》(*Works and Days*) 一书从单一农场和农户的层面上研究组织。效率——投入与产出的比率，是赫西奥德的主要关注点之一。约一百年后的公元前 700 年，中国学者管仲写了《管子》。这部经济学论著的重要性逐渐被认可，它讨论了管理、市场以及社会组织的内容。约公元前 300 年，孙子的《孙子兵法》也讨论了组织的问题。大多数人认为这是一部军事战略著作。然而，军事成功离不开准备和后勤工作，这需要国家经济的支持，军队也离不开文化、人力资源和组织架构。孙子注意到了这些问题。尽管如今大多数组织已不再使用十字弓和战车，但这部著作在组织理论和管理中仍占有一席之地。

差不多在同一时代，色诺芬 (Xenophon) 完成了他的《经济论》(*Oeconomicus*)，这一著作讨论的话题超越了单个家庭，转向其他类型的生产、军事和公共事务。生活在柏拉图时代的色诺芬是著名的将领，有着强大的组织能力和领导力，曾从波斯带回一万名希腊士兵，完成了军事史上第一次伟大的远征，而这也需要组织管理。色诺芬主要思考了在何种组织条件下，个人能在团队中高效地工作。柏拉图在《理想国》一书中也从城邦和国家层面讨论过类似的主题，在亚里士多德的《政治学》中也有相关的论述。亚里士多德对当时的组织进行了重要的实证研究，他调查了一百多个希腊城邦的法律和宪法，以此对希腊的政治组织做了深入研究。罗马公民保罗的传道工作也受希腊的分析和实践传统影

响，使得基督教这一新宗教在公元一世纪发展起来。作为布道者，保罗
69 的过人之处不止在于优秀的表达能力或神学天赋。他还具有强大的组织能力，建立了承载教会使命的组织。他的书信指引了那些他曾到访的教会，在《新约》(New Testament) 规范的指导下，新生教会的社群文化结构和一般仪式得以形成。例如，在《提摩太前书》(Timothy) 第 3 章 1—13 节中，保罗提出了主教的资格要求，主教应指导教会及其执事。在《提多书》(Titus) 第 1 章 7—9 节，他重复了这些内容，并且在《提多书》第 2 章 1 节—第 3 章 11 节中，他为教会及其社群的组织文化奠定了基础，这一主题贯穿于他的书信中。

下一个伟大的宗教是伊斯兰教，其学者也关注了组织问题。阿布·哈米德 - 安萨里 (Abu Hamid al-ghazali) 等学者讨论了组织和经济问题，伊本·赫勒敦 (Ibn Khaldun) 的论述则可以媲美后来的社会学著作。伊本·赫勒敦的观点是组织理论中功能主义观点和冲突理论观点的先声。然而，由于西方思想家不知道这些观点，所以这些对西方社会理论发展的影响微乎其微。中世纪的阿拉伯文学有一种特殊的写作风格，称为“君主之鉴”。[1] 在许多时代和文化中，都能找到这种题材的著作。在亚洲和欧洲，从老子到马吉里 (al-Maghili)，再到马基雅维利 (Machiavelli) 等都论述了英明统治者的行为，以及他们应当如何组织政府事务来实现成功统治和国家繁荣。

值得一提的是，还有一类特殊的资料，几千年来默默无声地指导着组织的发展。这些文件若能在西方出版，作为工作场所的组织理论，其对文献的贡献甚至赶上了安萨里或伊本 · 赫勒敦的著作。这些文件就是保存下来的家书 (house book)、内部条规和账目，因涉及商业秘密和知识产权，所以对外保密。

最早的跨国企业始于公元前 2000 年，许多发展成为了庞大的商业帝国。[2] 和早期教会一样，它们也需要纽带来维持共同利益和执行标准程序。这依靠书信往来，或私下的亲自指导，还有的则通过“家书”。这些书信类似于那些大军事家族的秘密家书。比如柳生宗矩 (Yagyu

Munenori)的家书，他在第一代德川幕府的将军家中担任武术教师。[3] 家书，可以像柳生宗矩的那样清晰详尽，也可以像《阿曼尼摩比智慧书》(Wisdom of Amenemopet) 那样简明扼要，可以是《加拉太书》(Galatians) 中那样一札一札的保罗书笺，也可以用不固定的形式，像前辈向年轻人分享故事那样
70 在账本空白处写上几笔。比如，柯西莫·美第奇 (Cosimo de Medici) 创立了最早一批的 M 型企业[1]之一。在未公开的信件中，他向家人和同事表达了对组织和管理的看法。西方政治学家和经济学家也关注组织理论的核心问题。马基雅维利的两部著作，绝大部分内容都涉及组织。第一部是著名的《君主论》(*The Prince*)，另一部是《论李维》(*Discourses on Livy*)。在这两部书中，他都讨论了国家的组织，探讨了动机、承诺和参与等问题。

组织理论的另一巨著是亚当·斯密 (Adam Smith) 的经典著作——《国富论》(*The Wealth of Nations*, 1776)。[4] 虽然这本书的主要内容是宏观经济理论和政治经济学理论，但斯密也在企业或组织的层面上讨论了许多问题。在第一卷的前三章中，作者谈到了劳动分工。[5] 就这个话题，斯密所做的案例研究是所有组织理论中最知名的，在两个半世纪后的今天依旧生动有趣。[6] 这项经典研究说明了基于劳动分工的组织结构如何赋予组织更强的生产力。斯密针对效率提升给出了现代理由。[7] 而他所说的增效途径，正是我们现代人所说的个人学习和组织学习。

在政治上，苏格兰和英美启蒙传统的代表们，就我们现在所说的组织设计，建立了哲学的一个重要分支，托马斯·霍布斯 (Thomas Hobbes)、约翰·洛克 (John Locke)、詹姆斯·麦迪逊 (James Madison)、亚历山大·汉密尔顿 (Alexander Hamilton) 和约翰·杰伊 (John Jay) 等都是其中的代表人物。政治家们精心打造出社会组织和政府组织来解决具体问题，许多杰出的历史学家据此来研究特定的历史时期。事实上，这一传统非常普遍。多数历史学家会分析其他历史学家的工作，看他们是如何分析自己作品中的时代和组织的，以此作为历史问题的答案。[8]

[1] M 型企业，Multi-divisional form，是一种相对独立的单位或事业部组成的组织结构，各部门独立核算，自负盈亏，由公司总部进行外部监管、协调和控制。——译注

在 20 世纪早期，学者们关注组织结构，研究公共服务及产业组织的实践，形成了一个独特的领域。玛丽 · 帕克 · 福莱特 (Mary Parker Follett) 是这一领域的伟大先驱。她从 19 世纪 90 年代开始，研究众议院议长的组织角色，在工业、商业、社会组织领域的创新工作长达 30 年。[9] 该领域下一代的重要人物是弗雷德里克·温斯洛·泰勒 (Frederick Winslow Taylor) 和亨利·法约尔 (Henri Fayol)。作为有影响力但备受争议的工程师，泰勒提出了科学管理的理念。[10] 与此同时，法国采矿工程师法约尔研究了工业生
71 产的整个过程或组织。[11] 组织理论和设计的问题，以及商业设计方面的问题，通常是缓慢发生，但确实存在的，它们的影响是重大的，但人们对它们的认可往往是滞后的。延迟最久的例子或许是罗纳德·科斯 (Ronald Coase)，他早在 1937 年就发表了《企业的本质》(The Nature of the Firm) 一文，但直至 1991 年才据此获得了诺贝尔经济学奖。[12]

20 世纪 40 年代开始，管理学院和商学院将组织设计发展成为一门重要的学科。商学院把组织设计作为一门专业，但教学上采用的是与设计思维截然不同的方式。比如组织设计属于一门战略管理学科。在该学科中，高层管理者通过使用组织和经济力量，将自己的意志强加于组织之上；或者用较缓和的方法，在人际关系中借助柔声细语 (*sotto voce*) 的威慑力来实现组织目标。与之不同，设计思维通常以跨学科的工作团队的形式，试图用迭代试验和重复的原型设计来达成解决方案，真正代表利益相关者合法的诉求。

这种差异可以理解为泰勒管理方法和福莱特管理方法的区别。和法约尔一样，泰勒提倡一种我们称之为管理主义的方法。这是一种指令性的工程方法，组织这一机器之所以被设计出来，是为了实现所有者或股东的目标。福莱特的方法则与人相关，她认为组织由组织内的每一个人构成。由此引申，福莱特的组织可以嵌入更大的社群和更大的社会中，并且所有人都拥有该组织的合法权益。尽管合法权益可能涉及组织的不同方面。组织设计问题的复杂性就在于谁才是正当的利益相关者。

负责任的悲观主义以及对设计商业的挑战
Responsible Pessimism and the Challenge to Designing Business

作为一种设计话语，和管理主义的话语或应用于组织作为机器的工程话语相比，组织设计的新思路截然不同。这一新话语在 21 世纪兴起，以布坎南的“设计四秩序”[13] 理念为先声，通过三种方式进入商学院。

一种方式源于设计管理的理论。这一理论将设计视为一种企业资
72 源。这在很大程度上以项目为中心，而设计是企业管理的一个重要的附属学科。设计管理的理论从北美和英国发展起来，并受到欧洲大陆的影响。设计管理学会 (Design Management Institute) 等专业协会促进了这一理论的发展和壮大。随着学者们开始研究分析业内实践，设计管理从职业实践发展为学术专业。设计管理的文献主要包括实践类书籍、案例研究和少量同行评议的研究论文。

另一种方式是有关战略设计的理论。这种理论认为设计既是企业的资源，也是一种处理工作的方法。从一组零散的方法开始，战略设计的论述主要出现在斯堪的纳维亚和北欧。它深受民主社会工作角色的影响，也与知识管理、信息研究和管理哲学等问题相关。虽然有趣的战略设计的文献散布在多个领域，但大多只是学者们未出版的灰色文献和笔记，以日常手记的形式存在。部分原因是缺乏出版途径，另一个原因是这类研究还比较新。佩勒 · 恩 (Pelle Ehn)[14]、哈罗德 · 纳尔逊 (Harold Nelson) 和埃里克 · 施托尔特曼 (Erik Stolterman)[15] 以及克里斯蒂安 · 巴森 (Christian Bason)[16] 的著述阐明了战略设计的概念和关注点。不同的作者使用不同的术语、概念和模型——和“设计思维”这一术语一样，“战略设计”术语也很模糊。近几年，相关文献逐渐增多，尤其是在受到赫尔辛基设计实验室等组织的影响之后。[17]

设计思维在管理中的第三种话语是由布坎南提出的，出自凯斯西储大学管理学院的一次重要会议。小理查德 · 博兰和弗雷德 · 科洛皮编写的《像设计那样管理》一书[18] 成为讨论的焦点。他们希望可以把不

同的管理理论整合在一起。这些给了人们相对乐观的希望。尽管如此，仍然存在一些棘手的挑战，有待克服。

设计是一个过程。《韦氏词典》对“设计”的定义是：

1. a　在头脑中构思和计划：他～了一场完美的犯罪；
   b　怀有目的、意图：他～在研究中表现出色；
   c　为某一特定功能或最终成果而策划：～一本书主要作为大学教材；
2. **旧义**：用一个特殊的记号、标志或名字来表示；
3. a　绘出……的图画、图案或者草图；
   b　为……制定计划；
   c　按照计划创造、使用、实施或建造：策划、谋划……[19]

73 设计中的关键问题在于目标的选择。许多组织，可能是大多数组织，处于迈克尔·科恩（Michael D. Cohen）、詹姆斯·马奇（James G. March）和约翰·奥尔森（Johan P. Olsen）所说的“组织化的失序状态”（organized anarchies）中。换句话说，虽然这些组织形式上有合法的秩序和章法，但组织内包括众多个人，每个人都有自己的偏好，大多数都各有自己的安排。有些可能与组织的既定目标高度一致，另一些人有远大的目标，组织成员只是实现目标的一部分。大多数组织成员是处在目标完全一致与完全按照个人目的这两个极端之间的。科恩等认为：

> 组织化失序……指的是具备以下三个基本属性的组织或决策情境。第一个属性是目标模糊。在组织中，很难按照选择理论的标准一致性，要求决策情境提供一组偏好。组织运作以多种倾向偏好为基础，各不相同且无法明确。它更像是一种松散的思想集合，而不是一个连贯的结构；它是在行动中发现喜好，而不是有了偏好才采取行动。[20]

> 第二个属性是技术含糊。虽然组织想方设法地生存，甚至有所产出，但是成员并不理解这些过程。组织运作是基于试错过程的，从过去经历中学习，并进行必要的创新。
>
> 第三个属性是动态参与。参与者在不同领域内投入的时间和精力各不相同；参与形式也不断变化。因此，组织边界不确定，而且反复变化；参与者和决策者的选择也是不固定的。

在组织研究中，组织化失序的这些特点很常见。这些也是所有组织在某段时间内都会有的特征。在公共、教育和非正式组织中，它们尤其引人注目。组织化失序这一理论可以在一定程度上描述几乎所有组织的活动，但不能说明组织的全部活动。

科恩等认为这种情况多出现在公共组织中，而我认为从管理研究文
74 献来看，大型组织大多如此，包括绝大多数的公共股份制企业。大卫 · 哈伯斯塔姆 (David Halberstam) 对北美汽车业的研究就是一个很好的例子。[21] 当时，福特汽车和通用汽车是世界上最大的两家汽车公司。亦有大量著作和文章记录了金融行业如何引发了近来的全球经济危机。这是另一佐证。

垃圾桶模型是一个决策过程的模型，当不同参与者要从不同备选目标中做出选择时，这一过程就出现了。

> 要理解组织内部的各个流程，我们可以把每次选择机会看作一个垃圾桶，参与者一边生成各种问题和解决方案，一边将它们丢进这个垃圾桶。单个垃圾桶内的垃圾混合体取决于有哪些垃圾桶，取决于可选垃圾桶上的标签，也取决于正在产生的垃圾，还取决于垃圾清运的速度。[22]

所有参与者都把他们的目标和喜好扔进了垃圾桶，而那些控制抽签的人也会依据他们的喜好或需要做出决定。

虽然有许多人提出了垃圾桶模型的解决方案，[23] 但这一问题在组织中仍反复出现。我们可以用两种方法来理解这个问题。一种方法是把这个困难视作代理的伦理问题和道德危机。我们要再一次地扪心自问，正当的利益相关者到底是谁。如果能让全部的正当利益相关者参与负责任的对话，那么这个问题就有可能得到解决。但我认为，从大型组织的现状和当今形势来看，恰恰是大多数利益相关者制造出了问题，似乎不太可能让他们参与负责任的对话。在多数冲突（几乎所有棘手的冲突）中，关键利益相关者似乎只有准备好下一阶段的冲突后才愿意接受对话协调。

另一种方法是从抗解问题 (wicked problems) 看待这一困难。虽然这并不能提供更好的解决方案，也不能帮助我们规避道德危机，但的确能让我们更准确地描述问题的本质。霍斯特·里特尔 (Horst Rittel) 和梅尔文·韦伯 (Melvin Webber) 给出了抗解问题的属性：

1. 抗解问题没有固定的公式。
2. 抗解问题没有一以贯之的规则。
3. 解决抗解问题的方法不是是非对错，而是鉴别良莠。
4. 抗解问题的解决方案既无法直接检验，也没有最终检验。
75 5. 解决抗解问题的每种方法都是“一次性的行动”，因为没有机会通过试错来学习，所以每一次尝试都很重要。
6. 抗解问题没有一套一一列出的（可详尽描述的）备选方案，也没有一套准确描述的操作步骤能用于编制计划。
7. 每一个抗解问题本质上都是独一无二的。
8. 每一个抗解问题都可以视作另一个问题的症状。
9. 对同一个抗解问题存在不同的表述，可以用不同方式解读。对解读的选择是问题解决方法的实质。
10. 策划者无权犯错。[24]

关于设计思维这一问题，布坎南有过经典的论述。[25] 这类问题大多出现在人类组织中。抗解问题的本质是把解决方案强加于错误的问题上。当决策者不考虑问题而只是一味选择他们想要执行的解决方案时，抗解问题与垃圾桶模型正好吻合。[26]

在人类组织中，道德危机和抗解问题的本质是我持悲观主义态度的原因。到目前为止，我认为只有当人们进行负责任的对话，与正当利益相关者们一起解决问题时，设计思维或战略设计中的设计才能发挥作用。我仍然悲观的原因很简单，因为我发现组织中的许多行为是人们试图把自己喜欢的解决方案强加于问题，而不考虑问题的本质，也不考虑个人目标之外的后果。

危险的世界：结语
A Dangerous World: Some Concluding Thoughts

最初关于设计商业的讨论针对的是设计的本质，尤其强调社会企业的可持续性。这是一个深刻的伦理问题。如果我们不能解决这个问题，人类将无法生存。詹姆斯·洛夫洛克 (James Lovelock) 曾推断，灾难性的气候变化比任何人预言的都要严重得多。他预计 90% 的人将死于地球即将发生的改变。这意味着将有超过 60 亿人死亡——也许更多，因为等到这些变化影响最严重时，面临死亡的人口将会更多。洛夫洛克认
76 为，我们必须找到有效的方法来创建未来，尽可能多地拯救人类。如果我们能有效地做到这一点，我们也可以扭转局势。我们站在临界边缘了吗？我不知道。

斯德哥尔摩复原力小组 (The Stockholm Resilience Group) 一直致力于寻找我们要面对的限制和边界。约翰·罗克斯特伦 (Johan Rockström) 等指出，地球环境安全的关键边界有十个方面。在其中三个方面，我们已进入了危险地带；虽然现在暂时是安全的，但是其中五个方面可能存在危机，而且我们还不知道其他两条安全界限在哪里。[27] 该组织研究了许多问题，[28] 也提出了一些解决方案。[29] 来自印度的国际知名设计学者兰詹 (M.

P. Ranjan) 曾经说过，我们生命中真正拥有的只有脚下这方寸的土地。我们面临的挑战是如何耕耘自己这一方土地，让它在我们离开时比我们出生时变得更好、更肥沃。在《大地的礼物》(*The Gift of Good Land*, 1981) 一书中，温德尔 · 贝里 (Wendell Berry) 描述了阿米什[1] 农民是如何复原耕地的。[30] 他们接管废旧的农田，用农耕拯救土壤，带来新的生命。他们创造的价值超过了丰收的价值，并以此为基础建设他们生活的世界。

相信我们能让自己的一方土地比我们出生时更好、更肥沃，这点很乐观。这是大家该知道如何处理的事情，但在现代互联的世界里，我们的经济却让这一点变得十分困难。以阿米什农场为例，一个阿米什家庭接管了一个农场，用几十年的时间恢复了农田的生产力，他们创造的价值比实际收获的多。阿米什人是一群信徒。他们不认为我们统治了地球，我们只是管家。我们必须滋养、保护和恢复地球。作为地球的管家，我们有义务滋养、保护和恢复那些我们出生时就有的东西。阿米什人信奉早期基督教的哲学，这要求他们遵从上帝旨意，而不是世俗的方式。

我们必须问一个关乎道德的问题。一个美好、公平、公正社会的本质是什么？要回答这个问题，我们面临的挑战就是如何设计和建设这样一个社会。我们也面临一个与人类存在相关的问题。如果我们认为的那个美好、公平和公正的社会与今日所置身的这个社会迥然有异，那么问题就来了。我们是否需要那样的社会？哲学家约翰 · 罗尔斯 (John Rawls) 在阐述公正即公平的观点时提出，我们在制定法律和创造社会组织时，不应知道自己在遵循法律条规的社会中将会处于什么地位。罗尔斯称其为无知之幕 (veil of ignorance)，他认为，从情理上讲，如果我们不知道自己将会属于哪一类群体——富裕的还是贫穷的，健康的还是罹患疾病的，社会优越阶层还是弱势阶层——就会制定出更好的法律，设计出更好的社会。

[1] 阿米什人 (Armish) 是基督新教重洗派门诺会的一个信徒分支，又称阿米胥派。以拒绝汽车和电力等现代设施，过简朴生活而闻名。目前主要分布在美国宾夕法尼亚州、俄亥俄州、印第安纳州和加拿大安大略省。——译注

77 然而，法律的制定并非如此。制定者往往是有钱有势的人，或者由选举产生，只有少数人能影响这个过程，无钱无权的人几乎无法涉足。我们所处的境地并不平等。作为设计师，我们必须追问事物应该怎样不同，必须明白我们希望为世界带来什么样的改变。创建有效的社会企业是我们改变世界的一种方式，可以为更多人服务，同时用公平塑造正义。

在布坎南所说的设计的第四秩序中，提到了用整合全部生命的系统来解决这类问题。有一些方面关系到政策问题，必须与政治家和立法机构协商。还要考虑外部性的问题。在经济学中，外部性是一种将过程或产品成本外部化，同时又保留利润的方法。如果我们可以把外部性的压力转移回它们的创造者，改变利润比例，世界会是什么样子？试想一家企业制造某种高利润的新产品，生产过程会制造大量的有毒废物。这家企业非但不投入经费来清理废物、保护环境，反而把有毒废物运往一个贫穷国家，让那个国家的居民来处理。以普通货物的名义运输有毒废料，制造商能用低成本获得更多的利润。如果设计师能够改变外部性的作用，改变某些群体从系统中不公平获利的情况，那么社会企业——负责任的社会企业——可以传达出价值的真正本质，从而获得更高的利润。这将迫使那些不负责任的企业全额承担他们应付的成本，减少它们的利润。

人类一直在用不同的方式谈论设计的第四秩序。这就是爱德华兹·戴明 (W. Edwards Deming) 所说的深刻知识，包括“相互关联的四个部分：对一个系统的理解；关于变化的知识；关于知识的理论；心理学”。[31] 我们每个人必须追问的是，我们是否愿意采取行动，以及如何依据我们所知道的来采取行动。

设计商业的讨论要求我们认识到眼前问题的深层本质。我们必须了解芸芸众生所面对的实际情况。这一认知让我们体会到马丁·布伯 (Martin Buber) 所说的存在的内疚感。[32] 我们意识到好多事情会引发生存的焦虑。当谈到存在的深层次问题时，我的同学维克多 · 弗兰克尔 (Viktor Frankl) 教授说过，作为人类，我们面临的重大问题不是我们对生活的要求，而是生活对我们的要求。我们选择如何作答，定义了我们何以为人。

78 我是一个谨慎的乐观主义者，因为我相信生活会更好，相信我们在生活中的所作所为能发挥重要作用，让我们出生的世界变得更美好。我也是一个负责任的悲观主义者，因为我相信，在人类与周遭世界的关系上，我们正处于前所未有的最危险境地。对地球上大多数存在生命的系统来说，这是人类历史上第一次出现了第二阶进化超过以地球为基础的第一阶进化的情况。

斯蒂芬·埃默特 (Stephen Emmott) 回顾全球局势，直截了当地得出了一个悲观结论。[33] 他认为我们无法幸免于洛夫洛克预测的灾难。和洛夫洛克一样，埃默特觉得情况比我们预想的还要糟糕。埃默特认为，政策制定者、经济学家和商界领袖对这一情况视而不见，这使得局势变得更糟——正如最近宣布的西南极冰盖坍塌一样不可避免。这是一个危险的时代。对于能否设计出更有效、更负责的商业企业，即便是小规模的，我也表示怀疑，就像质疑人可以利用设计思维和战略设计来创造更好的系统、产品和服务一样。从更大的规模来看，我更不抱希望。我宁愿相信，如果我们能塑造可行的系统，或许可以提升我们的技能和能力，尽管我们还是逃不过宿命，但或许可以预防最坏的情况出现。

引 注

1 Edward Fox, *Obscure Kingdoms* (London: Penguin, 1995), 62.

2 Karl Moore and David Lewis, *Birth of the Multinational: 2000 Years of Ancient Business History—From Ashur to Augustus* (Copenhagen: Copenhagen Business School Press, 1999).

3 Miyamoto Musashi, *The Book of Five Rings* (With Family Traditions on the Art of War by Yagyu Munenori), trans. Thomas Cleary (Boston, MA: Shambhala, 1982).

4 Adam Smith, *An Inquiry into the Nature and Causes of the Wealth of Nations* (Chicago, IL: University of Chicago Press, 1776).

5 Ibid., 7–25.

6 Ibid., 8–9.

7 Ibid., 11–16.

8 Gordon S. Wood, *The Purpose of the Past: Reflections on the Uses of History* (New York: Penguin, 2008).

9 Mary Parker Follett, *The Speaker of the House of Representatives* (New York: Longman Green & Co, 1896); Mary Parker Follett, *The New State: Group Organization, the Solution for Popular Government* (Pittsburgh, PA: Pennsylvania State University Press, 1918); Mary Parker Follett, *Creative Experience* (Eastford, CT: Martino, 1924); Mary Parker Follett, *Dynamic Administration: The Collected Papers of Mary Parker Follett*. ed. Henry Metcalf and Lionel Urwick (Eastford, CT: Martino, 1941).

10 Taylor Frederick, *The Principles of Scientific Management* (New York: W. W. Norton, 1911).

11 Henri Fayol, *General and Industrial Management* (Eastford, CT: Martino, 1916).

12 R. H. Coase, "The Nature of the Firm," In *The Firm, The Market, and the Law* (Chicago, IL: University of Chicago Press, 1937), 386–405.

13 Richard Buchanan, "Design Research and the New Learning," *Design Issues* 17, no. 4 (2001): 3–23.

14 P. Ehn, *Work-Oriented Design of Computer Artifacts* (Hillsdale, NJ: Lawrence Erlbaum Associates, 1988).

15 H. Nelson and E. Stolterman, *The Design Way: Intentional Change in an Unpredictable World*, 2nd ed. (Cambridge, MA: MIT Press, 2012).

16 Christian Bason, *Leading Public Sector Innovation: Co-creating for a Better Society* (Bristol: Policy Press, 2010).

17 Bryan Boyer and Justin W. Cook, *Creating New Opportunities and Exposing Hidden Risks in the Healthcare Ecosystem* (Helsinki: Sitra, the Finnish Innovation Fund, 2012a); Bryan Boyer and Justin W. Cook, *Thinking Big by Starting Small: Designing Pathways to Successful Waste Management in India and Beyond* (Helsinki: Sitra, the Finnish Innovation Fund, 2012b); Bryan Boyer and Justin W. Cook, *From Shelter to Equity* (Helsinki: Sitra, the Finnish Innovation Fund, 2012c); Bryan Boyer, Justin W. Cook, and Marco Steinberg, *In Studio: Recipes for Systemic Change* (Helsinki: Sitra, the Finnish Innovation Fund, 2011); Bryan Boyer, Justin W. Cook, and Marco Steinberg, *Legible Practices* (Helsinki: Sitra, the Finnish Innovation Fund, 2013).

18 Richard Boland and Fred Collopy, eds., *Managing as Designing* (Palo Alto, CA: Stanford Business Books, 2004).

19 Merriam-Webster, Inc. *Merriam-Webster's Collegiate Dictionary*, 10th ed. (Springfield, MA: Merriam-Webster, Inc, 1993).

20 Michael D. Cohen, J. G. March, and J. P. Olsen, "A Garbage Can Model of Organizational Choice," *Administrative Science Quarterly* 17, no. 1 (1972): 1–25.

21 D. Halberstam, *The Reckoning* (New York: Avon Books, 1987).

22 Cohen et al., "A Garbage Can Model of Organizational Choice," 2.

23 John. F. Padgett, "Managing Garbage Can Hierarchies," *Administrative Science Quarterly* 25, no. 4 (1980): 583–604.

24 Hors. W. J. Rittel and M. M. Webber, "Dilemmas in a General Theory of Planning," *Policy Sciences* 4, (1973): 161–66.

25 Richard Buchanan, "Wicked Problems in Design Thinking," *Design Issues* 8, no. 2 (1992): 5–21.

26 Ken Friedman, "Design Science and Design Education." In *The Challenge of Complexity*, ed. P. McGrory (Helsinki: University of Art and Design Helsinki UIAH, 1997), 54–72.

27 Johan Rockström et al., "A Safe Operating Space for Humanity," *Nature* 461, no. 7263 (2009): 472–75.

28 Gisli Palsson et al., "Reconceptualizing the 'Anthropos' in the Anthropocene: Integrating the Social Sciences and Humanities in Global Environmental Change Research," *Environmental Science and Policy* 28 (2013): 3–13.

29 Timothy Lynam et al., "Waypoints on a Journey of Discovery: Mental Models in Human-Environment Interactions," *Ecology and Society* 17, no. 3 (2012): 23; Kevin H. Rogers et al., "Fostering Complexity Thinking in Action Research for Change in Social-Ecological Systems," *Ecology and Society* 18, no. 2 (2013): article 31.

30 Wendell Berry, *The Gift of Good Land: Further Essays Cultural and Agricultural* (Berkeley, CA: Counterpoint Press, 1981).

31 W. E. Deming, "The New Economics for Industry," *Government, Education* (Cambridge, MA: Massachusetts Institute of Technology, Center for Advanced Engineering Study, 1993), 96.

32 Martin Buber, *Martin Buber on Psychology and Psychotherapy: Essays, Letters and Dialogue* (Syracuse, NY: Syracuse University Press, 1999).

33 S. Emmott, *Ten Billion* (New York: Vintage Books, 2013).

对组织设计的再设计

戴维德 · 巴里

81 我想从一些难题开始本文的讨论。为什么组织设计的所现、所言、所行与当代设计的其他门类全然不同？为什么组织设计似乎对创造力——也就是从零开始，出于趣味性、美感，甚至兴趣（财务利益除外[1]）来造物——避而远之？而那些所造之物在本质上是其他设计专业的一部分。

我觉得原因不是意识不够。根据谷歌的 NGram 服务[2]，“组织设计”[3]一词首次出现是在 1900 年左右，与设计领域的其他概念几乎同步发展。显然，从事组织设计的人知道还有其他人自称为设计师。他们可能也知道设计有着一整套专业流派。但是，在博兰和科洛皮编著的《像设计那样管理》[1]一书问世之前，组织设计理论家和从业者，即便有，也很少读过其他设计师的文章，很少参加过设计大会，很少考虑过使用“设计师式的认知方式”。[2] 因此，我要沿着狄更斯的脚步，[4]思考组织设计的过去、现在和未来——探究组织设计曾经是什么，现在是什么，未来又会如何重新设计。

[1] 兴趣和利益的原文都是 interest。——译注

[2] Google NGram 全球书籍词频统计器，http://ngrams.googlelabs.com。——译注

[3] 指英文 organization design 一词。——译注

[4] 即查尔斯·狄更斯，他在《圣诞颂歌》（*A Christmas Carol*，1843）一书中讲述了吝啬鬼斯克鲁齐在圣诞夜被三个圣诞精灵造访，被带到过去、现在和未来的故事。本文作者称自己是“沿着狄更斯的脚步”，表明自己将对组织设计的历史做一番分析。——译注

组织设计的过去
The Spirit of OD Past

组织设计自诞生后，大多关注组织的结构——为了实现既定目标，怎样安排人力和商品最好？领导和员工的最优人数比例是多少？应该按照地理、产品还是业务功能来分组运营？应该建立什么样的组织结构，是层级高耸的或扁平的，还是臃肿的或精炼的？谁应该在谁的手下工作？
82 所有这些，都呈现在了组织结构图中，而这种游戏的名称就是最优化。从许多方面来看，组织设计是一种工程，类似于机械或土木工程，其基本前提是组织受科学法则的约束，即对于一个既定情况存在一个最优解，而工程师的任务就是找到它。一旦找到了正确的蓝图，接下来的建造和运营工作就被认为是一项相对简单的任务。这种基于工程的组织设计本质上是决策性的……在一定程度上，我们可以称其为**分析性组织设计**。组织设计分析师将经过验证的诊断数据排列出来，找到曾在别处有效的解决方案，分析做出成本—效益比例，然后做出“执行或不执行”的决策。[3]

查理·卓别林(Charles Chaplin)的《摩登时代》(*Modern Times*, 1936)很好地捕捉到了这一现象。卓别林扮演的流浪汉在一家类似巨型发条机器的无名企业工作。工人们被各种机器齿轮推压，他们修复机器操作，自己也成了一个齿轮。无疑，总有一个总工程师在某个地方根据效率和材料科学原理设计、建造了这个组织。也许他就坐在20世纪众多摩天大楼里的一间办公室内——组织设计师在这些大楼的顶层公寓里工作。又或许，他就像奥兹国的魔法师一样，站在一楼的帷幕后面，推拉着长长的杆子，缓慢地操控着一切。

正如机械工程师学会了根据行业和地形设计不同的引擎，分析性组织设计的设计师也开始视情况——采用目前这个领域主流的权变理论[1]——设定不同的组织结构。高度结构化、中心度、环境变化、组织历史和能力，这些变量之间的相互关系成为设计决策的基础。重要的是，没

[1] 权变理论，contingency perspective，是指每一个组织都具有不同的形态，面对不同的情境，需要使用不同的管理方式。——译注

有普适的组织结构。但同样重要的是，我们假定存在“局部最优解”——基于正确的评估得出正确的拟合。

总而言之，我们认为组织设计是一种理性的工作，内容围绕着问题解决、权变决策和最优化。大概你站得越高，看得越远，你就越能冷静理性，并且可以做出更重要的决策。这是众所周知的“25 000 英尺的观点”[1]。从这一观点出发，可以得出多个推论：

- 作为一名设计师，你可以掌控更大的组织。
- 高层管理者可以决定拓展“这个业务”——不论这个业务是什么。业务越大就意味着越好，对之稍加改进既是可行也是可取的。
- 确保每个人都有一个合适的位置，而且他就处于这个最合适位置，这样生产量才能更高，效率也更高。
- 设计和运营一个组织就像在黑暗中驾驶一架波音 747——
83 只要你有能准确测量的好工具，并有清晰的蓝图能制造和使用这些工具，就一点儿也不困难。

回到开篇我的问题——为什么组织设计所现、所言、所行都不同于设计的其他领域。我觉得是因为组织内生的高风险——通常包括产品众多，运行成本高昂，并且多数情况下被视为投资而不是日常管理。组织的成本较之建筑物、个人、机器、餐厅、家具和用地要昂贵得多。组织越庞大，成本就越高；而组织若越强调利润，就越会认为，“如果我们要投入这么多时间和精力，我们最好准确地做事……正确无误地做事”。投资人，无论是在财务还是其他方面，都想要一个兼具确定性、正确性和精确性的设计方案，得出可预测的结果，据此来决定是否执行决策。

到目前为止，这种组织设计的方法是合乎情理的。如果有人认为组

[1] 25 000 英尺观点，25 000 foot view 也有不同高度的各种说法，如 10 000 英尺观点等，指的是站在高处来俯瞰全局，也指提供的信息很笼统，缺乏详细信息。——译注

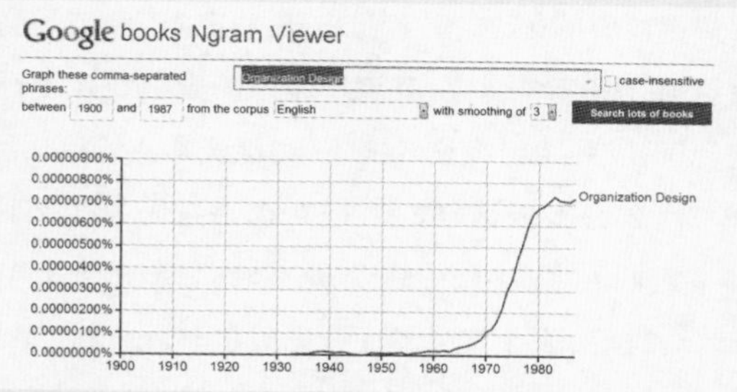

图 6.1 谷歌 NGram 对术语“组织设计”的词频分析（1900—1987）

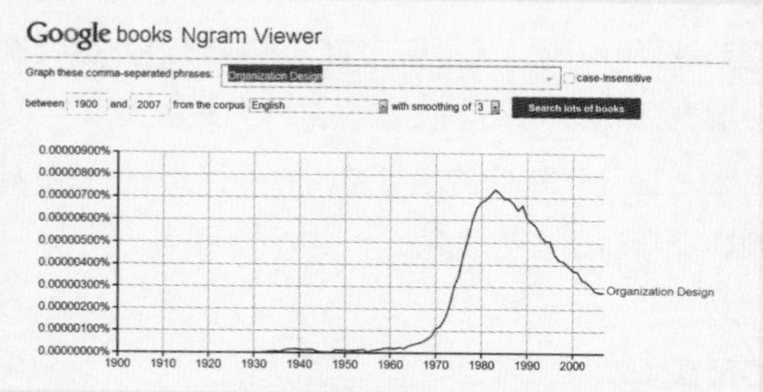

图 6.2 谷歌 NGram 对术语“组织设计”的词频分析（1900—2007）

织是目标驱动型的实体，可以做得比自由市场行为更好，并且认为有多种方法可以实现这一点，其中有些方法比其他的更好，那么寻找最佳的组织结构样板才有意义。直到 20 世纪 80 年代中期，这种组织设计的方法还非常流行。谷歌 NGram（图 6.1）显示，从 20 世纪 50 年代到 80 年代中期，“组织设计”及类似术语[1]的使用频率呈明显的上升趋势，这意味着组织设计越来越占据中心位置。4

然而，事实证明这个高峰是暂时的。另一谷歌 NGram（图 6.2）显示，组织设计在 2007 年的流行程度几乎与 20 世纪 70 年代一样。除
84 了 20 世纪 90 年代中期的一个小高峰之外，该词频保持下降趋势，表明

[1] 其中包括 organizational design 等。

这不只是暂时的失宠。[5] 出于好奇，我在 NGram 输入了“设计”一词，结果发现自 1900 年以来，其流行程度一直在稳步上升。所以，并不是设计出现了萎缩，将组织设计拖下水，情况其实恰恰相反。

为什么会出现这样的衰退？也许是因为组织设计出了名地难检测——人们很难对组织进行对照实验研究。丹麦奥尔胡斯大学（University of Aarhus）的组织设计学者博厄·奥贝尔（Borge Obel）教授曾对我说：“我们没有用来测试组织的风洞实验室”（私人交流）。或许因为其他理论（比如组织文化、战略或实践理论）更具轰动效应，更具行动导向，更能吸引公众眼球，组织设计只是切入口。又或许因为组织设计不关注人、品味和想象力，即便大多数员工是有品味和想象力的。也许首席执行官和其他高管对“即插即用”的组织结构并不买账——这或许有悖于他们自视为领导者和创造者的理念。

组织设计的现在
The Spirit of OD Present

看着这些趋势，我们可能会问，“组织设计就这样没落了吗？”我不这么认为。在撰写本文时，谷歌的 NGram 服务只提供截至 2009 年的数据，但我猜测，如果数据累积到 2014 年，我们就可以看到一个逆转。目前正有多股组织设计的潮流。一股是分析性组织设计的巩固和规范化，尽管相关从业者越来越受到其他设计专业的影响。另一股是全球都在推动创新，提倡创造性的商业解决方案，这让企业人士进一步转向创意设计来寻求答案。[6] 因此，设计学院、设计公司和采用当代设计思维的
85 商学院开始涌入组织设计这一困难但颇有潜力的领域，并引入了“其他领域”的技术和观点。

关于分析性组织设计，最大的进展是国际组织设计协会[1]的成立。该机构的创始团队包括组织设计领域的多位著名学者。最近该机构还

[1] 详见其官方网址：http://orgdesigncomm.com/。

发起了《组织设计》(*Journal of Organizational Design*) 期刊，召开年度大会，创办网站，举办一系列全球研讨会。与此同时，成百上千的学者在世界各地开展大样本调研和基于权变理论的分析性组织设计研究。这些趋势都表明了这一领域正得到巩固，这类组织设计的方法也有了应用市场。为此，研究人员正着力对分析性组织设计的原则做电脑化处理，将其标准化。例如，理查德 · 伯顿 (Richard Burton) 教授和奥贝尔教授把许多经典的权变组织设计理论的方法和逐步分段式组织设计方法编入一个问答软件“OrgCon”，请用户评估他们组织的环境和目前的组织设计，再提供诊断和建议。[7] 根据 OrgCon 网站，这一软件：

> ……系统地指导高管团队确定机构的组织设计方案。OrgCon 软件程序是设计流程的核心。OrgCon 程序的重点是找出不同设计预案，这既有效率（资源）又有成效（结果）。OrgCon 有助于分析战略形势和组织现状，可以暴露组织中的纰漏，指明如何建立适合的组织。它是一个逻辑工具，加入了组织设计的文献知识，还通过了管理人员的实际验证。OrgCon 的设计流程可以让你快速而高效地分析众多应用场景。[1]

除了这些进展，在商业领域也发生了一些非常重要的变化。过去，我们可以预测组织活动，但现在组织大多是不可预测的，组织的不断发展已成为常态。随着全球市场的出现、通信瞬时性的实现、产品生命周期的缩短以及竞争的加剧，我们看到了一股巨大推动力在追求创新和创造性的商业方案——且没有停止的迹象。最近，麦肯锡详细研究了企业绩效，该研究收录在斯科特 · 科勒 (Scott Keller) 和科林 · 普莱斯 (Colin Price) 撰写的《超越绩效报告》(*Beyond Performance*, 2011)[8] 一书中。该研究显示，

[1] http://www.ecomerc.com/content/diagnosis-and-design-executive-team-process，访问日期：2012 年 3 月 1 日。

在全球各个行业，创新和变革已然取代了规模和稳定性，成为组织生存和成功的决定性因素。尽管大家这么说了十多年，但是现在的数据终于
86 证明了这一点。因此，当今许多组织的管理人员都牢牢记住了创新，即便不参与实践，他们也不断寻找与众不同的、具竞争优势的方法来提高创新能力。更重要的是，创新并非来自机器——而来自主动创新、积极进取的人和富有创造性的社会过程，因此组织设计有必要重新思考如何发挥人的作用。

为了满足这个要求，IDEO 的“设计思维”应运而生。美国广播公司 (ABC) 的纪录片介绍了 IDEO 如何用设计思维重新设计美国的购物车。[9] 全球成千上万的商科学生和管理人员都看过该片，也都读过蒂姆·布朗 (Tim Brown) 2008 年在《哈佛商业评论》(*Harvard Business Review*) 上发表的那篇关于设计思维的文章。[10] 两者都是关于如何“设计创新”的基础资料。斯坦福 d. school 和德国的哈索·普拉特纳学院 (Hasso Plattner Institute) 采用了 IDEO 的设计思维方法，加之 IDEO 出版的大量书籍和文章以及罗杰·马丁 (Roger Martin) 在多伦多罗特曼商学院 (Rotman Business School) 所做的努力，使许多商业领袖和商学院认识到：① IDEO 和设计思维**就是**设计；②这些方法是创新的圣杯[1]；③设计思维——集合了用户研究技术、便利贴头脑风暴和频繁的原型设计——是任何商务人士都能做到的事情。那么，谁还需要受过专业训练的设计师呢？

实际上，设计思维（和设计过程）做起来比那些资料所显示的要困难得多。如果把所有这些提升到组织层面上，难度就更大。除了极少数的组织设计项目，IDEO 大部分收入仍来源于产品设计和服务设计。与此同时，著名设计师和设计研究学者，如唐·诺曼 (Don Norman)、海伦·沃尔特斯 (Helen Walters)、布鲁斯·努斯鲍姆 (Bruce Nussbaum) 也强烈抨击了设计思维的领地化，试图向世人说明设计远远不止七个步骤。[11] 从经验研究看，罗伯托·维甘提 (Roberto Verganti) 等研究者指出，设计思维聚焦用户

[1] 圣杯，holy grail，相传是在耶稣受难前吩咐其 11 个门徒喝下象征他的血的红葡萄酒时，所使用的杯子。很多传说相信这个杯子具有神奇能力，很多人终其一生的目标就是找到这个圣杯。——译注

驱动，这常导致普通的、渐进式的创新，而成功的激进式创新更多需要基于艺术的设计方法，这反过来需要天赋和多年的训练。[12]

其他的商业设计方法也进入了大家的视野，削弱了设计思维的控制力。例如，亚历山大·奥斯特瓦尔德和伊夫·皮涅尔 (Yves Pigneur) 的"商业模式画布" (Business Model Canvas)，[13] 本质上是价值链的美学加强版，与社会过程（如商业模式参与方）相结合，使整个商业模式建构任务更加令人愉悦。雅各布·布尔 (Jacob Buur) 的有形商业模式[14]、来自想象实验室 (Imagination Lab) 的"认真玩" (Serious Play) 系统[15]、露西·金贝尔 (Lucy Kimbell)
87 的社交设计方法[16]、前赫尔辛基设计实验室的战略设计方法[17] 以及我本人在这一领域的工作，[18] 提供了更多美学加强版来展示和重新设计组织。例如，在过去十年里，我开设了很多组织设计课程，在课堂上，学生用设计方法应对知名欧洲企业的高管们提出的挑战——如何重新设计公司的创新体系，如何提高政府的创新能力，等等。课程成果包括许多创造性的组织设计方案，其中部分已被采用。

综上所述，这项工作为组织设计带来了全新的、更具设计性的方法。然而，组织设计一直强调设计"致用"的一面——谋求组织设计的功效超越其他方法——这些新想法正推动着组织设计这一混合体既能**使人愉悦**，又有**深化的能力**。也就是说，组织设计的成果要令人感到快乐，具有实用性，并且可进一步深化。这些设计既能带给人惊喜，充满活力，引人入胜（即令人感到快乐），也能促进能力建设且具敏捷性（即进一步深化），并且具有实际功能（即实用性）。为了达到"令人感到快乐、进一步深化"的要求，组织设计方法要更加以人为中心，具有社会意识，富有创造性、紧迫性、迭代性、实体性，也更强调行动，而不只是用分析性方法和决策——我们可以称之为创造性组织设计，强调创造新的和有用的东西。其他备选名称包括人本组织设计、设计师式组织设计或有形的组织设计。这就引出了下面的讨论。

组织设计的未来
The Spirit of OD Future

正如前文所述，分析性组织设计似乎正把自己拉入更窄的轨道，我可以想象它将继续尝试开发类似 OrgCon 程序那种更精确的分析和决策工具。分析性组织设计的设计师可能会提出类似金融领域的布莱克斯 - 舒尔斯方程 (Black-Scholes Model)，该方程可以准确地预测衍生品投资是否会有回报。我预计分析性组织设计的公式将逐步融入复杂性思维，或许会使用高阶的数学建模和模糊逻辑系统来确定最适合的设计。

很难想象的是，分析性组织设计师会采用设计师式的设计方法。创造性组织设计产生的数据对分析性组织设计来说往往是干扰数据（反之亦然）。而每种方法所需的技能是向截然不同的方向发展的。分析性组织设计倾向于聚合，由规则指导，而创造性组织设计则要求发散型、打破规则的想法。因此，想要在某一方向变得出色，就得在另一个完全相反的方向上思考和工作。

88 我的这些想法来自我的学生英格丽 · 厄斯滕舍 (Ingrid Østensjø)，她在我的指导下，在论文中对设计师和管理人员如何解决组织设计问题进行了试点研究。在与设计学院和商学院的应届毕业生进行多次预访谈后，英格丽给十位杰出的设计师和八位企业高管发了一份简明扼要哈佛设计任务书，请他们重新设计欧洲迪士尼乐园。[19] 全世界商学院已广泛使用这个案例，并且对于应该做些什么有着详尽的教案。十位设计师来自不同的设计领域（如产品、平面、传达、交互、场景、建筑、战略设计），而高管大多是大中型企业（IT、家具、工程、阀门制造和娱乐行业）的首席执行官。每人有三个小时完成这个案例。研究要求他们在阅读过程中“大声思考”，也就是说，在他们阅读和思考的时候要把想到的事情全部都说出来。

从某种程度上来说，结果符合我们对设计师和高管、对分析性设计和创造性设计的印象。训练有素的设计师拿出了创新的、整体的、以人为中心的方案，关注迪士尼的员工们在地区办公室的改组中如何更好地一起工作。高管们的设计看起来很则像哈佛的解决方案，聚焦组织结构调整和上下级汇报关系、成本削减，并且重新思考了产品组合。设计师将迪士尼视为一个社会网络，但高管们视其为一组抽象的、可移动的成本—利润中心。

令人惊讶的是，这两组人理解案例的过程大相径庭。高管们轻松地浏览全文，一般会记下几笔，对分析充满信心，而且在 20 到 40 分钟内就能完成。相比之下，设计师理解材料方面则有些困难。例如，第一位受访的设计师是一家著名建筑公司的老板，本身也是著名建筑师，他看了一半就停下来，把文本放在一边说："我不懂这篇案例的目的。我该做什么？这里没什么可做的。"和其他设计师一样，他问是否可以找一些同事来帮忙。他需要好几天来处理案例（其他设计师希望有一周甚至更长时间）。他想知道更多任务书相关的人的信息。最后，他没有做任何设计，而是选择批评欧洲迪士尼乐园的道德观念。

几次接触后，我们认识到需要修改这个任务书，以便于设计师理解。一开始，我们尝试先将任务书分成多条信息，然后按受访者的要求逐一传递。但这么做帮助并不大——设计师仍然很难理解任务书。最后，英格丽把这个任务书重新写成案例中角色之间的一组通信（信件和
89 电子邮件）。她在字里行间清晰地表达了信息，多采用图示，以不同的排版使这个案例的视觉效果更加丰富。设计师对这一改编反响很好，终于得以进入设计过程。尽管如此，他们还是想和其他人合作，想要更多的时间，要求获得更多的感官信息。

如果从这个任务书出发，开始思考如何沿着设计师式的路线进行组织设计，那么设计的视野就会大大拓宽，远远超出了组织结构关注的一般范围。从创造性组织设计的角度来看，其他内容可能（或应该）包括设计组织的事件、项目、职位、企业形象、战略、流程、沟通、商业模式、工作环境、类比和隐喻以及表达。所有这些在创造性组织设计内相互作用——一个领域内的变化会影响到其他领域。

以里斯本的眼泪公司 (Lagrimas Corporation) 为例，它拥有并经营着葡萄牙最成功的高档餐厅和酒店。一般酒店里的“请勿打扰”的卡片，在他们的酒店里被缩印成员工的名片，但区别是上面写着的是“敬请打扰”。公司里每个人根据自己的个性和价值观选择职务头衔。例如，米格尔·茹迪塞 (Miguel Júdice) 的头衔是“首席执行官和环球旅行者”，他尽力做到名副其实。该控股公司的全名是眼泪酒店和情感体验 (Lagrimas Hotel and Emotions)，强调的是业务的体验本质。所有这些元素都是公司形象的组成部分，在专业设计师的协助下精心设计，与组织设计要素，如结构、战略、财务和产品—服务产出等其他组织设计元素交织在一起。员工往往根据自己的职务头衔发挥作用，因此公司的结构是动态的。

尾声
In the End

眼泪公司虽然与众不同，但并不是独一无二的——当今，很多公司都在尝试更具设计性的组织方式，如苹果、谷歌、格尔特斯 (GoreTex)、塞氏企业 (Semco)，甚至宝洁。在所有这些试验中，我估计分析性组织设计与创造性组织设计互为补充是早晚的事。也许创造性组织设计提出创新的设计，而分析性组织设计测试其有效性。或者分析性组织设计做出初始设计，创造性组织设计接手继续。或者会出现一个更统一的组织设计，利用两者的碎片构成“令人愉悦、具实用性，并且有深化能力的”设计。然而，要想成功，这个新的组织设计方法不再只要求高管们进行头脑风暴、原型设计和其他“创意”活动。如果要提出有效的组织设计，令人愉悦、具实用性，并且有深化能力，那么就要沿着培养设计师的路径——用多年
90 时间学习如何将组织问题重新定义为启发性的问题，在以解决方案为本的同时，找到鼓舞人心的网络，开展兼具创意和审美的复杂实验，并利用多重媒介和表现形式。它还要经过一段时间的系统测试，观察这些创新设计在何处、如何发挥作用和不发挥作用。毫无疑问，组织设计正迈向一个全新的篇章，或许这将是它最有趣、最富创造力的一章。

引 注

1 Richard Boland and Fred Collopy, eds., *Managing as Designing* (Palo Alto, CA: Stanford Business Books, 2004).

2 Nigel Cross, "Designerly Ways of Knowing," *Design Studies* 3, no. 4 (1982): 221–27.

3 Richard Burton, B. Obel and G. DeSanctis, *Organizational Design: A Step- by-Step Approach* (Cambridge: Cambridge University Press, 2011); Richard Daft, *Organizational Theory and Design* (New York: Cengage Learning, 2012).

4 Google Books Ngram Viewer, http:// books.google.com/ngrams.

5 Ibid.

6 Robert Sutton, "The Weird Rules of Creativity," *Harvard Business Review* 79, no. 8 (2001): 94–103.

7 Burton et al., *Organizational Design*, 2011.

8 Scott Keller and Colin Price, *Beyond Performance: How Great Organizations Build Ultimate Competitive Advantage* (New York: John Wiley, 2011).

9 T. Koppel and J. Smith, "The Deep Dive: One Company's Secret Weapon for Innovation," *ABC News, Nightline Series* (Princeton, NJ: Films for the Humanities & Sciences, 1999).

10 Tim Brown, "Design Thinking," *Harvard Business Review* 86, no. 6 (2008): 84–92.

11 Lucy Kimbell, "Rethinking Design Thinking: Part 1," *Design and Culture* 3, no. 3 (2011): 285–306; Lucy Kimbell, "Rethinking Design Thinking: Part 2," *Design and Culture* 4, no. 2 (2012): 129–48; Damien Newman, "The Short Happy Life of Design Thinking," *Print* 65, no. 4 (2011): 44–45.

12 Roberto Verganti, "Design, Meanings, and Radical Innovation: A Meta-model and a Research Agenda," *Journal of Product Innovation Management* 25 (2008): 436–56; Roberto Verganti, *Design Driven Innovation: Changing the Rules of Competition by Radically Innovating what Things Mean* (Boston, MA: Harvard Business Press, 2009).

13 Alexander Osterwalder and Yves Pigneur, *Business Model Generation: A Handbook for Visionaries, Game Changers, and Challengers* (New York: John Wiley, 2010).

14 Jacob Buur and B. Matthews, "Participatory Innovation," *International Journal of Innovation Management* 12, no. 3 (2008): 255–73; Jacob Buur and Robb Mitchell, "The Business Modeling Lab," In *Proceedings of the Participatory Innovation Conference 2011* (Sønderborg, Denmark, 2011).

15 Johan Roos and B. Victor, "Towards a Model of Strategy Making as Serious Play," *European Management Journal* 17, no. 4 (1999): 348–55; Johan Roos, Bart Victor, and Matt Statler, "Playing Seriously with Strategy," *Long Range Planning* 37 (2004): 549–68.

16 Lucy Kimbell and Joe Julier, *Social Design Methods Menu* (London: Fieldstudio Ltd, 2012).

17 Bryan Boyer, Justin W. Cook, and Marco Steinberg, In *Studio: Recipes for Systemic Change* (Helsinki: Sitra. The Finnish Innovation Fund, 2011); Dan Hill, *Dark Matter and Trojan Horses: A Strategic Design Vocabulary* (Helsinki: Strelka Press [Kindle Edition], 2012).

18 David Barry, "Making the Invisible Visible: Using Analogically-Based Methods to Surface the Organizational Unconscious," *Organizational Development Journal* 12, no. 4 (1994): 37–49; David Barry, "Artful Inquiry: A Symbolic Constructionist Framework for Social Science Research," *Qualitative Inquiry* 2, no. 4 (1997): 411–38; David Barry and Stefan Meisiek. "Seeing More and Seeing Differently: Sensemaking, Mindfulness and the Workarts," *Organization Studies* 31, no. 11 (2010): 1505–30.

19 Ashish Nanda, *Walt Disney's Dennis Hightower: Taking Charge* (Boston: Harvard Business School Publishing, 1996).

第三部分　设计思维方法

桥接设计思维与商业思维

查尔斯 · 伯内特

95 设计思维和商业思维的相同之处比我们预期的要多。通常，企业在处理设计思维这类信息时，会考虑不同的目标。商业思维侧重于企业的收益、营销和生产效率，而设计思维则寻求改善处理问题的情境。企业还没有认识到设计思维不只是他们可以利用的方法。

> 设计思维之于设计就像科学方法之于科学。没有相关知识积累和多年训练，设计思维仅仅是一些步骤。设计思维真是个危险事物，因为许多公司以为他们在做设计，但其实并没有。[1]

纽约现代艺术博物馆的保拉 · 安东内利 (Paola Antonelli) 认为这句话指的是缺乏教育、经验、天赋、知识和多种技能，一名成功设计师正是将这些带给设计任务，并促使企业意识到这些认知、表达和实践能力，而这些认知、表达和实践能力在行业中通常是不可得的。如果大家没有完全理解设计思维的目标，不能创造性地落实设计思维流程，如果不能融入企业业务的各个层面和企业活动的各个领域，设计思维只能是一个由外部顾问实施的独立过程。本文将讨论横跨商业、设计思维和设计行为的“桥梁”的本质。这座桥梁以我们对设计的理解为基础，设计是创
96 新的、创意的，以人为本且具有前瞻性，专注于改善问题的情境。这座桥梁的结构正是聚焦创新和创造力的设计思维理论。

目的性思维的不同层面
Levels of Purposeful Thought

商业人士和设计师往往没有意识到设计思维和商业思维都植根于目的性思维。

目的性思维在各个层面上，都要回应需求和渴望，以目标为导向，注重实用性。在基本层面，目的性思维通常在熟悉的环境中通过一定过程取得可预测结果。这个层面的思维包括我们如何学会做事，如骑自行车，或如何更熟练、更聪明地做事。在运用思维达到某个目的时，我们学习、练习并掌握能力。大多数企业仍处于这种较低层的目的性思维，由熟悉的、可预测的、高产的和短期的回报等思路来引导企业的决策。

设计思维是一种专注于改善体验、人造物和服务的目的性思维，比基础层面的目的性思维所处理的问题范围更广。它拓宽和重构一个问题情境，重新审视问题情境，寻找创新方法来重新表述和解决相关状况。

创造性设计思维是一种更高层面的目的性思维，它运用设计思维来获得重大的、有创造性的和具文化意义的成果。创造性设计思维需要新的方法来处理问题情境，需要人有能力以有见地、有创新性的方式来解决问题，提升大众福祉。

目的性思维的不同模式
Models of Purposeful Thought

目的性思维对每个人来说都不陌生。我们有需求或渴望；寻找相关信息；组织和分析可选方案；制定行动计划；执行计划；评估进展；反思经验。在《设计思维的理论》(A Theory of Design Thinking, 2009) 一文中，这七种思维转变被称为“意向立场”，在目的性思维的三个层面都会出现。[2] 这些目的立场将思维引向某个焦点情境中的不同信息，思考和表达每个立场相应的意图、信息、组织、形式、流程、评估和知识。每个立场生成的不同思
97 维模式，合作表达出目标、对象、想法、人造物、流程、成果以及在一段目的性思维过程中所获得的知识。创新战略可以应用于任何思维模式，或

通过协作模式在所有领域或问题情境内产生重要成果。目的性思维在各个层面的思维模式包括：

- 意图性思维 强调渴望和需要，设定目标并按优先级排序和管理。这是一种前瞻性的思维且颇费力气，需要专注力和目标导向。主要针对问题情境。
- 参考性思维 发现、定位和界定我们感兴趣的信息及其潜在用途。这一思维模式识别资源的效用、潜力和可用性。主要用于完成相关定义。
- 相关性思维 针对当前目标和焦点情境，在参考信息之间建立联系和模型并予以分析。它构建、探索、比较和区分适合问题情境的资源组合、相关人员、意向目标和标准。目的是找到解决问题的概念性方法。
- 形成性思维 综合所有思维模式的信息，形成意象、人造物、信息、意义、影响和行动计划，借此表达和交流关于焦点情境的意图和期望。它还根据不同的媒介、用户和环境，考虑如何说明上述内容。主要目标是形成处理问题情境的合适方案。
- 程序性思维 实施和执行行动计划，从而落实形成性思维的成果，或改变所处理的焦点情境。这属于执行、生产、技术、性能和技能的范畴。主要目标是及时有效地进行运作。
- 评价性思维 对照目标、价值和情境要求，不论是物理的、认知的，还是社会的，抑或文化的要求，衡量程序性思维的实施进展并检验其成果。主要目标是确定所处理的问题情境是否得到改善。
- 反思性思维 记忆、理解、回顾从所有思维模式学到的内容，并应用于当前的焦点情境中。它积累并整合这些经验和感觉，建立历史、知识、信仰和身份。主要目标是学习。

组织原则
Organizing Principles

在目的性思维、设计思维和创造性设计思维中，根据每个模式处理的不同信息，相应地运用不同的组织原则。**优先性**是组织不同意图的原
98 则。**名目次序**（数字、字母、阶层、类别）可以识别并逐条编列出参考性思维的不同语义信息，用于规范、流程和人造物。**关联性**是相关性思维的组织原则，可以建立参考信息之间的联系，并对其进行网络化、结构化、比较和分析，从而将当前目的模式化。**空间中介**是形成性思维的组织原则，可以组合、合成、表达、交流和体验图像和信息。**时间性**这一组织原则可以通过程序性思维来安排行动和事件。**量级原则**可通过评价性思维对价值和效果进行排序。**效用原则**，是在反思性思维中，将知识分类便于理解和回顾。每个组织原则适用于相应思维模式处理的信息。这些信息也和特定的形式、流程、评估和所用的知识相关。既然所有的思维模式都用于完成各种意图性思维，那么每个组织原则也会被用于所有思维、任务或项目。设计可以创造性地应用所有这些原则。

萨宾娜 · 永宁格认为人构成了一个基本的组织原则。留在同一房间里的人可以组织起来去追求共同的目标，正如芬兰阿斯科 (Asko) 家具公司发起的一个项目中的参与学生那样（下文将详述）。这种组织能力符合基本组织原则的定义，因为它仅限于单个集体以及集体成员之间的关系。然而，当人们自由组织时，如果想要成功合作，他们必须处理好个人情感、偏好、状况和背景。针对团队正在处理的问题，他们要按优先性理出次序，组织、制定、处理、评估和掌握相关的信息。基于各自的理解、偏好、知识和背景，每个团队成员解释和应用思维模式的方法各不相同。他们要应用七条基本原则来组织他们的意图、信息、模型、形式、流程、价值和体验。这些反映在感觉、直觉、表达、理解、行为或投票中，混合了众多来源和全部思维模式的信息。各方达成共识，成果是复合型的。可能还需要解构、分析和探索这些人造物。萨宾娜将人的因素纳入

关于组织的讨论，这是合理的，但组织的七条基本原则也是他们可能会使用的工具。

接下来，本文将讨论在商业思维、设计思维和创造性设计思维中，不同的思维模式如何对应目的性思维处理的不同领域。

商业思维

99 企业已使用不同的目的性思维来安排工作。他们认识到需要目标管理（意图性思维模式），信息收集（参考性思维模式），建模和分析（相关性思维模式），沟通和营销（形成性思维模式），生产（程序性思维模式）、实现、评估和支持（评价性思维模式），以及灵活运用经验所学（反思性思维模式）。这些工作在公司架构中常属于不同部门，或体现为项目团队成员的不同专长。每项工作都有各自的意图和责任、处理的信息、组织原则、表达形式、流程、评估方法和标准以及知识基础。每项工作也都对应业务、项目或战略的一种作用。

商业中的设计思维

举个设计思维丰富商业思维的例子："好把手"(Good Grips) 厨具。[3] 一家厨具公司的首席执行官退休后在想如何帮助妻子应对关节炎。他意识到，如果改进厨具把手的设计，可以让妻子继续享受烹饪的乐趣。他还想要开辟更大的市场，提出"为什么下厨的人不能拥有舒适的工具"。他非常了解制造、炊具和营销，但不太清楚如何设计一个妻子适用的手柄。因此他找到一家叫 Smart Design 的设计公司。（大多数设计师擅长解决他们从未接触过的新问题）。在所有这些思考过程中，他都是带有意图的。设计师开展研究工作，通过与人们交流，了解关节炎对手部活动的影响。他们认为：

> ……基本手柄要足够大，以免造成手部劳损。它还得是椭圆形的，这样就不会在手中打滑。短圆头那端可以舒适地放在

掌心，在使用时均匀分散压力……它要有一个手感温暖的防滑手柄……边上还要带有弹性的两翼，这样用户能有更好的缓冲度，也更能控制自如……

这正是用参考性思维来界定对象的特征。他们设计的手柄，制造起来容易，能弯曲以适合不同大小的手掌，而且握起来很舒服。这需要用相关性思维构思概念模型和分析可能性，需要用形成性思维去综合、表
100 达和交流设计想法，还需要用程序性思维去弄清楚如何生产把手。通过测试和评价性思维，可以看出这种把手也适合其他用户。

经过反思性思维，制造商看到了巨大的市场潜力，(用意图性思维)成立了一家新公司，生产使用舒适的全套厨房用具。最终，这家名为奥秀 (OXO) 的公司生产出 100 多种产品，从 1991 年到 2007 年间，销售额年增长率逾 30%。这家公司的优势特色就是产品使用方便，适合广泛人群使用。他们的产品赢得了许多设计奖项，比如通用设计大奖。这些厨房用具的样式很常见，能用普通方式来生产、销售、分配和使用。即便设计的主要特色只体现在一个部件——把手上，他们也运用了目的性思维的全部模式。

商业中的创造性设计思维

史蒂夫 · 乔布斯 (Steve Jobs) 和苹果公司向我们展示了整个企业如何能在目的性思维的创造性层面上运作。乔布斯曾是一个弃婴，被充满爱心的父母收养。父亲教会他关注工匠精神，培养他对电子产品的兴趣。同时，他在硅谷的创业黑客社区成长，受加州当时的反主流文化影响，他对产品和服务有着不同寻常的见地，即所谓的“伟大而疯狂”。[4] 这种背景极大地影响了他的目标和奋斗。他展现了创造性的参考性思维，对新的信息、资源和技术非常敏锐，以完美主义的要求对待细节、材料、成品以及苹果产品和服务的操作特点、体验和美学。他创造性地应用了相关性思维，将苹果组织为一个合作性企业，没有部门，只有一笔预算，全程

参与概念建模，分析全部苹果产品的开发。他通过展示平台 (Macworld
网站和月刊)，提出营销语 (“非同凡想”) 并营造环境 (苹果商店、皮克斯总
部)，要求协作、整合、简洁和美观，强调所有产品、服务和环境都应提供令
人愉悦、无缝对接的用户体验，这些都展现了他作为一位形成性思考者和
沟通大师的创造力。他运用程序性思维来塑造人与物质的流程，使他们能
够及时、高效地合作，并经常以创造性的方式利用资金，确保执行、业绩和
交货都十分出色。作为一个评价性思考者，他要求所有一切 (包括人) 都
要有高品质，常根据自己的目标标准做出严苛的评价。凭借反思性思维，
101 他增长了知识，开拓了眼界，进而改变了整个行业，塑造了新文化。在苹
果员工的帮助和支持下，乔布斯创造性地应用了目的性思维的所有维度。
还没有人能比他更好地整合设计和商业，也还没人建立起比苹果更具创
造力的公司。

设计商业战略

要想在全球市场或国内市场取得成功，企业越来越需要树立和传达这样的形象：讲信誉，与客户息息相关，在市场中占据独特而又可持续的地位，并能获得顾客的喜爱和忠诚。史蒂夫·乔布斯这样的人可以在苹果这样的公司里策划和激发创新成就，但天赋不如乔布斯的个人团队也可以有创造力，尤其是当他们具备真正设计师的动机和能力时。

例如，他们可以合作制定策略，帮助公司改进方法和聚焦业务。阿斯科家具公司赞助的这个项目，由六名来自赫尔辛基艺术设计大学 (现为阿尔托大学的一部分) 设计领导力方向的学生来探索如何提升企业的未来发展。[5] 芬兰加入欧盟后，阿斯科在海外市场面临的竞争激烈程度比国内更甚。这个团队由来自不同学科的三名男生和三名女生组成。和处理其他设计问题一样，他们要了解问题的背景、潜在信息、产品、资源和其他相关事宜。项目启动时，阿斯科公司的董事总经理、业务总监和设计师介绍了公司以及目前面临的问题。随后，学生团队前往阿斯科的商店和竞争对手的店铺收集信息 (参考性思维)。他们首先明确问题情境各方面的情况，

再按优先级排序，从而找到努力的重点。他们确定选择的重点包括公司沟通、客户服务、产品线结构、店铺内部设计、广告、回收、出口关系、人员培训以及将新战略引入公司的方式。团队的每一个成员各司其职，这个授权代理明确一个或多个方面，有的是他们感兴趣的，有的则是他们面临的挑战。为了团结队伍，学生还讨论了他们认同并愿为之努力的价值观（意图性思维）。团队选出的价值观是：人性关怀、安全、生态友好和女性决策力（反思性和评估性思维）。他们进一步探讨了共同价值观会如何影响职责范围（相关性思维）。这种自由讨论形成了具体的建议（形成性思维），制定了公司内部的实施方式（程序性思维）。其中的“阿斯科
102 的来信”以一种比广告更贴心的交流方式吸引顾客，尤其是女性用户。

该研究小组提出，这封信的排版风格是非正式的，在产品目录中可加上人物照片，这样信看起来更贴心、更自然。他们提出用生命的各个阶段作为产品目录、产品线和店铺的组织原则（相关性思维）。这些生命阶段包括活力童年、独立青年、沉稳中年以及安宁老年（参考性和形成性思维）。不同生命阶段的人们能在阿斯科的店里找到专门为他们设计的信息、家具和空间。商店本身设计成一个家庭社区，提供为各个年龄组用户定制的特定生命阶段的产品线，并聘请相应年龄的员工来接待顾客。店铺之家也要参考所在国的情况提供个性化服务。商店里，“店面”和“公共广场”等串联起每个家庭社区，人们从那里获取信息，享受娱乐，庆祝节日，或学习家庭装修技巧，获得帮助或寻求维修服务。基于人性关怀、安全、环保这些价值，阿斯科采取家具产品终身支持的政策，提供维修、更换、改造或回收服务，使客户相信企业始终关注质量、环境和人（评价性和反思性思维）。此外，他们还提出了很多其他的特色，强化阿斯科在社区中的关怀者角色，确保公司的信誉、相关性、独特性、持续性和同理心。另一家公司高管听取团队汇报后，给出了这样的评价——“这样的企业，我们非常钦佩”。

学生团队没有权力或责任来实施这些建议，而公司也没有表示会采取进一步行动。这一团队丰富的创造力和想象力，是在公司外部运作

的，也许没有能力付诸于实践。正如本文引言中保拉·安东内利所说，创造性设计思维开拓了项目团队的视野，激发了想象力。但只有在全员都理解并掌握的前提下，才能实现创新。

角色
Roles

有一种技术，可以向不同背景或专业的人介绍设计思维可靠的、有
效的且令人愉快的过程，如何运用多种思维模式产生创新成果。这种技
术已被成功开发，并得到了广泛应用。它提供了一种以角色为导向的
问题解决方法，人们被组织成团队，每人分别负责目的性思维的不同领
103 域。事实证明，这是一种很好的方法，人们可以借此学习不同的思维模
式，掌握在设计思维过程中各个思维模式是如何互动的。[6] 团队成员学会
合作完成共同目标，同时也互相帮助完成各自的任务。《以角色为导向
的问题解决方法》一文介绍了这一方法的历史，以及在不同场景（包括
企业和学校）的应用案例。[7] 其他案例介绍了如何根据不同目的，使用不
同思维模式来组织信息。[1]

计算系统
Computational Systems

计算系统不需要执行或应用不同思维模式来处理每种信息。但是，和面向代理主体的其他商业框架一样，计算代理系统可以在各个层次和领域支持相关主题、任务或项目的目的性思维，在一定约束条件下协作解决相应的问题情境。

采用协作式计算框架[8]（图 7.1），商业和设计可以在公司的各个部
104 门之间共享信息。无论是由单个计算机执行，还是分布在多个设备中，
用户都可以为项目的不同方面带来改变，或在改变出现时及时反馈。

[1] 参见 http://www.idesignthinking.com 和 http://independent.academia.edu/charlesburnette/ 网站。

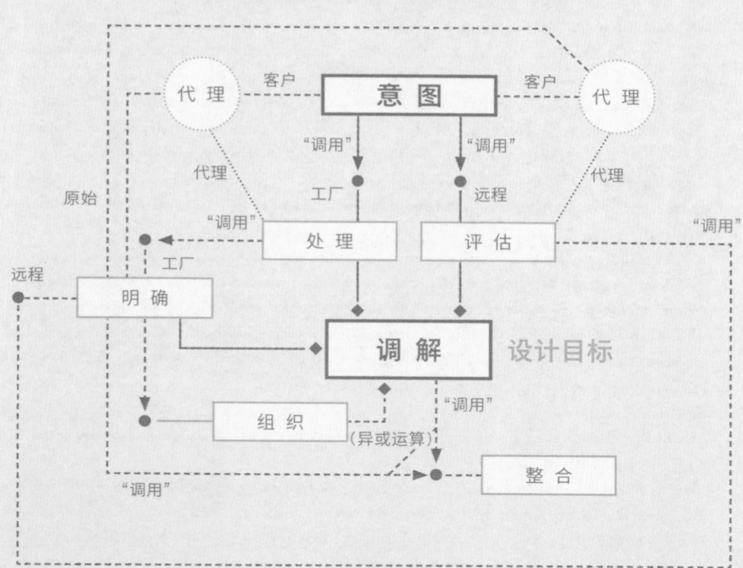

图 7.1　协作式计算框架 © 查尔斯·伯内特

七种目的性思维模式全都用在以计算机为基础的上述简化系统中，可以帮助设计高级驾驶程序界面，将人类驾驶行为因素的评估纳入驾驶模拟装置。[9] 其他开发思维模式应用的工作也产生了有用的工具，探索了在设计思维流程中这一系统可能与企业相关的管理、信息索引、架构、表达、执行、评估和反馈等。商业思维与设计思维之间的桥梁已经架好，也通过了测试，可应用于不同目标。但是，大多数企业还没有跨越这一桥梁，也未能迈向真正的设计思维。

引 注

1 Anthony Burke, "Paola Antonelli Interview: 'Design has been misconstrued as decoration'," The Conversation, December 5, 2013. http://theconversation.com/paola- antonelli-interviewdesign-has-been-construed-as-decoration-21148.

2 Charles Burnette, "A Theory of Design Thinking," prepared in response to the Torquay Conference on Design Thinking, Swinburne University of Technology, Melbourne, Australia, November 1, 2009. http://www.academia.edu/209385/A_Theory_of_Design_Thinking.

3 Corporate Design Foundation, "Getting a Grip on Kitchen Tools," *@issue: The Journal of Business and Design* 2, no. 1 (1996): 16–24. https://www.sappietc.com/sites/default/files/ At-Issue-Vol2-No1.pdf.

4 Walter Isaacson, *Steve Jobs* (New York: Simon & Schuster, 2011).

5 Charles Burnette, "Designing a Company: Report from The Savitaipale Workshop," *Form Function Finland, Helsinki: Finnish Society of Crafts and Design/Design Forum Finland* 1 (1993): 14–17.

6 Charles Burnette, "A Role-Oriented Approach to Problem-Solving," in *Group Planning and Problem-Solving Methods in Engineering Management*, ed. S. A. Olsen (New York: John Wiley, 1982). http://independent.academia.edu/charlesburnette/.

7 Ibid.

8 Cris Kobryn, "Modeling Components and Frameworks with UML," *Communications of the ACM* 43, no. 10 (2000): 31–38.

9 Charles Burnette and W. Schaaf, *Issues in Using Jack Human Figure Modeling to Assess Human-Vehicle Interaction in a Driving Simulator. Transportation Research Record No. 1631, Transportation Research Board, National Research Council* (Washington, DC: National Academy Press, 1998).

设计思维，范式转变的标志

奥利弗·萨斯

105 设计，这个术语以及它所描述的实践，几十年来一直与人造物的创造和生产相关。近来，技术、社会、经济和环境发生了根本性的变化，这对解决问题的方法产生了重大影响，意味着解决问题的方法已不再局限于传统的造物方法了。这些趋势也影响到当前的设计实践和设计师的角色。现在看来，我们需要更多基于研究的、成体系的、跨学科的设计方法。

设计思维强调以人为中心，将设计活动与人类需求的研究、技术和商业方面的研究相结合，来创造知识、解决问题和进行创新。在过去的十年里，设计思维不仅在设计领域广受关注，而且作为一种方法论，其策略被不同学科的专业人员加以应用，而不仅仅是设计师专用。这是否表明，设计思维将我们进一步带离了设计实践，从而也带离了设计师？这一发展能否作为设计师角色的范式转变？

18世纪，西方世界也曾面临一场根本性的变革，这场变革彻底改变了当时社会的经济、社会和文化构成。这一深刻的转型可以称作范式转变。“范式转变”一词源自科学哲学家托马斯·库恩（Thomas S. Kuhn)。《牛津词典》对该词的解释是“方法或基本假设的根本性变化”。[1] 库恩在认识
106 论的语境中将“范式”描述为科学界普遍认可的科学成就。[2] 但是，当遇到异常情况出现并引发新的思维和理论时，范式就会发生转变，如科学发现和大量的技术创新等。然而，范式转变首先要打破当前的范式。因此，“新理论出现之前，通常有一段时期的职业不安全感”。[3] 陷入严重不安状态的社会可被描述为处于危机状态。

危机这一术语，描述了需要做出改变的各种重大事件，以免产生不理想的后果。有证据表明，我们正面临着前所未有的全球危机，无论是粮食匮乏、金融危机、燃油短缺还是气候变化——近来媒体都很关注。此外，这场危机似乎比我们熟悉的经济转型更为真实。我们正经历这样一个时代：技术创新已从根本上改变了我们的社会，而大量消费对我们的资源和环境产生越来越大的影响。新思维模式正开始出现，讨论的是新的行为模式和社会价值。此外，过去 40 年间的技术进步，包括互联网的兴起，已显著地改变了我们的交流方式，并引发了前所未有的复杂性。有人甚至认为，我们正面临着“复杂性危机”。[4] 所以，我们可以得出这样的结论：我们正在经历着一场新的范式转变。几十年来，设计师一直努力用设计产品来满足消费者永无止境的需求。我们似乎已经从工业经济发展到服务、知识和体验驱动的经济。这一进程将反过来影响设计实践和设计师的角色。

在工业革命时期，工业经济逐渐取代农业时代，也出现了类似的重要变革。这种范式转变在西方文化中对我们创造事物的方式产生了根本性的影响。设计从艺术和手工艺中分离出来。这一发展“使‘创意产生’从‘物件制造’中分离出来”。它还衍生出一种观点，即认为存在某种被称为“创造力”的思想特质，它优先于或独立于造物的知识。[5]

为了理解这一范式转变中的根本变化，有必要细细回顾前工业时代的手工艺和设计。

从工艺到设计
From Craft to Design

工业革命无疑是近代历史上最具影响力的一次范式转变，深刻而不可逆转地改变了世界。1837 年，路易 - 奥古斯特 · 布朗基 (Louis-Auguste
107 Blanqui) 首次使用了“工业革命”(Industrial Revolution) 一词。单就字面意义
而言，这个词很容易引起误解。从字面上看，变革似乎发生得很快，但事实上，世界的改变是逐步发生的，历经了几个世纪——与这个词的字面

意义相反。[6] 这个词也强调了革命的工业特点。克拉夫茨 (Nicholas Crafts) 指出，“工业革命不是狭隘的经济层面上的，而是涉及多个层面，如社会的、知识的和政治的……”[7]

工业革命起源于 18 世纪的英国。有人认为，充足的食物使得人口快速增长，这为实现以工厂为基础的商品生产提供了关键条件。[8] 另一些人指出，是农业、制造业、交通和技术等各种进步组合在一起，才使这种发展成为可能。此外，法律体系的改变，资源价格的低廉，特别是劳动力成本的降低，都推动了经济的发展。英国在国际经济中的成功，也为企业家创造了一个独特的环境，使他们开疆拓土、蓬勃发展。人们可以辩称，“工业革命是对机遇的回应”。[9] ——这一机遇得到了启蒙运动主要思想的大力支持。艾萨克 · 牛顿 (Isaac Newton) 等人所做的突破性的科学发现，为用科学解释自然提供了基础。这推动了人们从经验和推理中凝练知识，进而挑战教会和国家的内在权力。人们开始意识到，他们才是自己世界的主人，可以主宰自己的命运。所以，工业革命不仅是一种想法，而且成为了现实。新的交流方式，尤其是印刷文字，有助于传播这些新思想。据乌特勒姆 (Dorinda Outram) 所述，在西欧，“与上世纪的停滞截然不同，18 世纪是一个经济扩张，城市化进程加速，人口不断增加，通信迅速改善的时代”。[10]

前工业时代，主要制造的是简单的、功能性的物品，如由手工艺人和匠人制作，兼具当地特色设计特征和一定自由表达的餐具和家具等。设计过程看来是内嵌在手工艺过程中的。我们从工业生产中了解到，当时的设计还没有成为制造过程中一个确切的环节。那时候设计和制作的过程是密不可分的：“工匠并不将作品画出来，也常常没有这个能力，更无法为自己所做的决定给出充分的理由”。[11]

工业流程从根本上改变了产品的生产方式。不同于凭借手工艺技巧和直觉做出自发的个人行为，产品制造日益机械化。产品的形式需要
108 经过深思熟虑和精心筹划，才能适应新的大批量生产过程。工业革命早期，在工厂生产中，以前的手工艺一体化的流程被划分为多个的专项任

务。将这些专项任务合理化、简化，并整合到有效的生产实践中去。正如安德鲁·尤尔 (Andrew Ure) 所说，“工厂系统用机械科学代替手工技能，将流程划分为关键步骤，在工匠之间进行劳动分工或分级。”[12]

与此同时，人们越来越重视创新和技术，而不再仅仅依靠传统的手工艺知识。为了开发高效的大规模生产过程，人们需要一种新的制造方法。相应地，从手工艺方法过渡到设计方法，这将概念性部分（设计）从传统制造部分（手工艺）中分离出来。但是，人们仍然需要专业匠人提供的服务，因为一些劳动密集型的传统生产过程无法在工厂流程中实施。

在早期的大规模生产中，产品是依据当时的技术来设计的。此外，制造商之间的竞争相对较少，管理强调利润最大化，这导致了产品相当粗糙和不精细，不注重质量、视觉美学和可用性。此时的制造商并不认为设计可以带来差异化的竞争性产品。在大规模生产的初期，制成品作为商品在市场上销售，其价值仅体现在功能和价格上。随着工业革命的深入，市场竞争愈演愈烈，商品设计也变得越来越重要，商品凭借设计可以从竞争对手的产品中脱颖而出。但是，设计师还没有成为一个专门职业。于是，艺术家们转而投身这个角色。因为只有他们掌握必要的技能，可以分析想法和将概念可视化，实现大规模生产。第一批“设计师”，即所谓“模型师”，主要来自艺术领域，比如绘画和雕塑。这个新职业的早期代表之一是约翰·弗拉克斯曼 (John Flaxmann)。他是一位雕刻家，利用自己的艺术技巧为英国陶瓷制造商威基伍德 (Wedgwood) 的新产品线完成了原型设计。在艺术家之后，建筑师和工程师也相继进入这一新的职业。

从有想法到实施大规模生产，设计作为中介过程，成为了新的首选思维方式。很快，人们就认为设计优于手工艺时代的前现代方法。之前的方法将隐性知识、直觉推理和造物技能视为创造的主要手段和方法。
109 从那时起，设计职业取得长足发展——成为一种高度细分和复杂的活动，现在人们普遍认可设计是实现产品差异化和价值创造的手段。

从设计到设计思维
From Design to Design-Thinking

过去 30 年里，我们见证了技术的迅猛发展，其中包括个人计算机和互联网的诞生，它们深刻地改变了我们的工作环境和通讯方式。这些进展使得复杂性空前增大，足以媲美工业革命期间发生的状况。在印刷文字的帮助下，新时代的思想沟通与交流空前增长。这为当今信息社会中日益增加的复杂性奠定了基础。

从以经济产品为重点，转向以服务和体验为主导，复杂性由此进一步增强。约瑟夫·派因 (Joseph Pine) 和詹姆斯·吉尔摩 (James H. Gilmore) 认为，我们正在经历从后工业时代的服务经济向体验经济的转变，在这之前是以生存为主的农业和工业时代。[13] 他们将经济价值的发展描述为一个过程，从农产品的商品化开始，接着是生产实体商品的密集时期，然后是服务经济推动差异化的持续需求。服务经济的下一个阶段，是正在兴起的体验经济，它"与服务的区别，正如产品和服务的区别一样，但人们至今却对它知之甚少"。[14] 这两位作者继续阐述了这一发展时机：

> 为什么是现在？答案部分在于技术带来的众多体验，部分是因为竞争加剧促使人们不断寻找差异化。但最全面的答案是经济价值的本质及其自然发展进程——就像咖啡豆——从货物到商品，再到服务，然后到体验。[15]

人们认为影响社会内部变革的关键因素包括：技术和通信的巨大进步、产生新理论并挑战当前思维模式的特定环境，以及处于危机中的社会情况。所有这些因素不仅促成了工业革命时期的范式转变，而且也使我们
110 有理由相信，我们正处在一个迈向新时代的转折点。

过去的 30 年里，诞生了第一代个人计算机和万维网，这引发了设计实践本质的改变，不仅开创了一段加速发展、创新和交流的时期，而且还革新了设计工具、方法和过程。但是有证据显示，过去的 10 年里，全球面

临着前所未有的危机。复杂性前所未有地加剧，传统方法已无法找到问题的解决方案。传统上，设计为处理复杂性提供了方法，"好的设计有助于驾驭复杂性，但不是要把事情变得简单（因为复杂性是必要的），而是要管理复杂性"。[16] 尽管我们都认可"传统"设计解决问题和创新的能力，但是它已无法实现预期效果。所以，我们需要新的方法。设计思维，这种新的方法应运而生。设计思维的理论和方法力求提供方法和工具，处理当今设计问题，应对高度复杂的挑战。设计思维的理论和方法试图辨析这些模糊的表述，厘清复杂的关系。如果"既无法立即检测问题，也无法最终测试问题"，那么我们所说的"界定模糊的"或"抗解的"问题就出现了。[17]

设计思维方法有望为处理复杂性提供方案。但"设计思考者"需要什么技能，"传统"设计师能否胜任这项任务呢？为了分析应对复杂问题所需的设计能力，尼娜·特里（Nina Terrey）调查了组织设计中"传统"培养的设计师和非设计师。[18] 她用证据说明，"非设计师也能展示出设计师的技能和策略"。此外，司马贺观察道，"人人都在设计，人们构思行动方案，期望改变形势使其对自己有利。"[19] 设计思维不仅在设计领域广受讨论，也不仅限于设计师，它可以作为一种策略方法，供不同学科的专业人员使用。大多数设计思维院校，如 HPI[1] 设计学院，欢迎不同学科、专业背景的学生申请他们的课程，甚至设计师在课程中的比例反而较小。这种情况是否意味着设计思维越来越远离设计实践，也远离了设计师呢？这一改变是否代表了设计和设计师角色的范式转变呢？

毫无疑问，设计师为设计思维过程带来了宝贵的技能。然而，他们也会带来潜在的不利影响，这是因为设计师具备生成反馈的能力。在设计
111 思维的语境中，当设计的主题是一种无形的知识或服务时，如果过分强调有形物的品质，设计师就会过多关注美学价值和风格，这就会起到阻碍作用。但是，原型设计和过程工件的创造在设计思维方法中起着重要的作

[1] HPI，哈索-普拉特纳研究院（Hasso-Plattner-Institut）的简称，德国第一所公司合作管理的大学教学研究机构，以思爱普（SAP）创始人的名字命名。思爱普系全球最大的企业管理和协同商务解决方案供应商，其总部位于德国。——译注

用。原型设计过程的目的是通过制作简易的人造物，迅速检验创意的优缺点。布朗解释道，“对原型设计，投入的时间、精力和经费应该只需产生有用的反馈并生成创意就够了。原型设计看起来越像‘成品’，它的创造者就越不可能关注反馈并从中获取信息。”[20]

培养设计师，不仅要使他们能用人造物获得用户的即时反馈，而且要让他们深入到对象的设计品质中去。设计师关注人造物的美学品质，这深植于“传统”设计教育中，它将技能、知识与实体对象结合在一起，既是过程的一部分，也是最终成果。当前，我们向 21 世纪新范式过渡，从“传统”设计实践到设计思维方式的范式转变将挑战“传统”的设计教育。虽然“传统”的设计技能仍有价值，仍在设计思维流程中发挥重要作用，如可视化方法、原型设计、处理复杂性的能力和协作对话的技能等，但是特里认为设计师的主导地位已受到挑战。[21]

讨论
Discussion

在设计思维的语境中，人们有必要跨越多个学科进行实地研究并积累知识，以便能够在日益全球化的互联网络社会中设计方案，完成高度复杂的任务。然而，“传统”设计由于根植于视觉设计理论，聚焦的是人造物的美学品质，看来不足以也无法应对这一根本性变化，达不到“设计思考者”的能力预期。

这表明“传统”设计不得不进行演化，甚至要变革它的思维模式和实践范式吗？诞生于工业革命的设计实践之所以取得了巨大的成功，是因为其一开始从摆脱了手工艺标准和流程，以求创造出必要空间，方才发展为当今这般的复杂学科。然而，手工艺并没有在西方工业社会中消失。它只是变得不那么重要，它在社会和经济中的角色改变了。它依
112 旧强调制作过程和品质标准，而这些在大规模生产中无法实现。总而言之，手工艺不仅在设计实践的兴起中存活下来，而且凭借越来越精细化的高度专业的技能，成功地独立发展起来。

从一开始，设计实践和设计教育就形成并发展了自己的价值和标准，以保证质量、有效沟通和美学体验。然而，历史已说明，在当今的范式转变中，当前的消费范式复杂性加剧，问题紧迫性前所未有地增加，我们需要对设计和设计教育做出实质性的调整，才能应对现代社会提出的复杂挑战。大约 20 年前，布坎南颇具先见之明地描述了设计的转变：设计将脱离手工艺和工业生产的传统，转变为设计思维方法，这种方法不仅可以应用到全部实体人造物，也可以应用到无形的系统。他还指出，设计从“一种职业转为技术研究的一个领域，如今应被视为技术文化下的一种新的通识教育”。[22]

克里彭多夫也表达了相同的见解，他提出，设计问题的轨迹重心“从技术转移到人，或从硬件转到信息”。[23] 文科的培养以人文学科的通识教育为中心，而不是专门的职业预培训。面对着范式转变的前景，一些通识教育教授找到了发挥各自领域作用的潜力。他们认为，在充满不确定性（如近期震动世界的经济危机）的时代，培养人对通识教育的广泛兴趣尤其重要。这时候，“人们更会批判性地质疑人类生活的各个方面”。[24] 特拉维夫大学[1]等高校开设了一个通识教育的学士学位项目，鼓励学生突破单一学科的局限，批判性地思考这个日益复杂和多元化的世界。

当代设计以专业知识的增长为特点，被细分为越来越多的子学科。为了能够在解决复杂问题的探索中成功合作，设计师需要扩展他们现有的设计理论和实践知识，进入人文和技术领域。布朗指出，设计师对科技的兴趣持续下降。尽管如此，他仍坚信，“21 世纪将会迎来重大的科学发展，这可能会从根本上改变人类的体验”。[25]

从这一观点出发，将通识教育与某一门学科专业相结合的想法看
113 似是矛盾的。人们的思维要超越单一学科，要思考各种各样的方法，在这方面通识教育的方法是有优势的。但是，“传统”设计也不能背离“传统”的设计价值。设计在经济的空前发展中扮演着重要角色，在产品和

[1] http://www.liberal-arts

服务价值链中全面发挥作用。这种价值创造基于创造力和创新，但它也得益于传统的知识、技能和品质标准。

工业革命时期兴起的设计实践需要拥抱创新和技术，它必须从传统的手工艺思维中解放出来，才能发挥全部的潜力。与此同时，手工艺对传统的流程进行了保留、细分和创新，以求为利基市场提供定制产品。

比较工业革命的历史与当前的形势，我们发现，“传统”设计作为一门学科已经开始显现出它的局限性。“设计”需要再次“革命”。从“传统”的设计实践转为设计思维实践，所需的研究不仅涉及科学和技术方面，还包括哲学、社会学、心理学等不同领域。所涉知识错综复杂，在“传统”的设计教育中是无法完成的。

结语
Conclusion

历史是否表明设计思维需要将自己解放为一门新的设计学科？是否有必要使设计思维发展成为独立的学科？这门学科既强调民族志和通识教育，同时也包括在设计思维流程中适合且有价值的特定设计技能。而专攻设计思维的学生需要做到关注设计和设计过程的基本技能，关注多学科团队共同创造，关注过程和原型设计可视化，并用想象力来构思和呈现概念，但不会过于纠结人造物原型的美感是否最适合这项任务。

这些问题的答案，不言而喻，是肯定的。但是，我们不应认为设计思维在本质上优于“传统”设计实践。通过推动一个独立的设计思维学科，“传统”设计师仍能继续关注构思和视觉概念，也可持续关注人造物的美学品质。和手工艺在工业时代的背景下继续发展一样，“传统”设计也会根据
114 经济需要继续发展，提供适合新兴体验经济的高度专业化的设计服务，满足个性化美学体验的需求。

综上所述，设计思维方法论的出现是社会和经济范式转变的另一证据，这一转变为设计实践带来了根本性的全新挑战，因为“抗解”问题前所未有的复杂。设计思维，作为一门新学科，能将自己与设计区别开来，就

像设计在工业革命的范式转变下从手工艺中解放出来一样。那么，设计思维就可以聚焦具体的设计思维技能，也可以关注通识教育领域。它可以独立于“传统”设计实践，培育一批受“设计师式”教育的新“设计思想者”，使他们在设计思维团队中与非设计师并肩实践。

引 注

1 http://www.oxforddictionaries.com/definition/english/paradigm-shift?q=paradigm+shift.

2 Thomas S. Kuhn, *The Structure of Scientific Revolutions*, 50th anniversary edition (Chicago, IL: University of Chicago Press, 1962).

3 Ibid., 68.

4 Alan Siegel, "The Complexity Crisis," *Design Management Review* 23, no. 2 (2012): 4–14.

5 Peter Dormer, *The Culture of Craft* (Manchester University Press, Manchester, 1997), 12.

6 Joel Mokyr, "The Rise and Fall of the Factory System: Technology, Firms, and Households since the Industrial Revolution," *Carnegie-Rochester Conference Series on Public Policy* 55 (2001): 1–45.

7 Nicholas FR. Crafts, *British Economic Growth during the Industrial Revolution* (Oxford: Oxford University Press, 1985).

8 Christoph Buchheim, *Einführung in die Wirtschaftsgeschichte* (Munich: C. H. Beck, 1997).

9 Robert C. Allen, "The British Industrial Revolution in Global Perspective: How Commerce Created the Industrial Revolution and Modern Economic Growth," unpublished paper (Nuffield College, Oxford, 2006), 2.

10 Dorinda Outram, *The Enlightenment: New Approaches to European History*, 2nd ed. (Cambridge: Cambridge University Press, 2005), 15.

11 John Chris Jones, *Design Methods*, 2nd ed. (Chichester, UK: John Wiley, 1992), 19.

12 Andrew Ure, *The Philosophy of Manufactures, or, an Exposition of the Scientific, Moral, and Commercial Economy of the Factory System of Great Britain*. reprinted 2010 (Whitefish, MT: Kessinger Publishing LLC, 1835), 20–21.

13 Joseph Pine and James H. Gilmore, *The Experience Economy: Work is Theater & Every Business a Stage*, updated edition (Boston, MA: Harvard Business School Press, 2011).

14 Ibid., 2.

15 Ibid., 5.

16 Donald A. Norman, *Living with Complexity* (Cambridge, MA: MIT Press, 2011), 4.

17 Horst W.J. Rittel, "On the Planning Crisis: Systems Analysis of the 'First and Second Generation'," *Bedriftsokonomen* 8 (1972): 393.

18 N. Terrey, "Design Thinking Situated Practice: Non-designers—Designing," in *Proceedings of the 8th Design Thinking Research Symposium (DTRS8)*, ed. Kees Dorst et al. (Sydney: NSW,2008), 369-80.

19 Herbert Simon, *The Sciences of the Artificial*, 3rd ed. (Cambridge, MA: MIT Press, 1996), 111.

20 Tim Brown, "Design Thinking," *Harvard Business Review* 86, no. 6 (2008): 84-92.

21 Terrey, "Design Thinking Situated Practice."

22 Richard Buchanan, "Wicked problems in design thinking," *Design Issues* 8, no. 2 (1992): 5.

23 Klaus Krippendorff, "A Trajectory of Artificiality and New Principles of Design for the Information Age," in *Design in the Age of Information: A Report to the National Science Foundation (NSF)*, ed. K. Krippendorff (Raleigh, NC: School of Design, North Carolina State University,1997), 91.

24 Patrick Lee, "In Today's World, do Liberal Arts Matter?" *Yale Daily News*, March 6, 2009, http://www.yaledailynews.com/news/2009/mar/06/in- todays-world- do-liberal- arts-matter.

25 Tim Brown, "Design Renews Its Relationship with Science," in *Design Thinking, Thoughts*, ed. Tim Brown (Category: Science and Design, 2011). http://designthinking.ideo.com/?cat=199.

创新教学中的设计思维

卡斯图鲁斯 · 科洛
克里斯托弗 · 梅尔德斯

117 当今社会，持续创新的能力是保持竞争优势的关键，对国家经济、整个行业以及各个企业的可持续性成功也至关重要，这已经是众所周知的事情了。过去的几十年里，从首批对创新的系统性研究开始，[1]“创新”已成为一个定义明确的术语，一种可测量的现象。如今，创新的概念明确，且具可操作性，不仅应用于产品，还应用于服务、组织和流程。实践证据表明，创新起到了促进经济增长和提高利润的作用，更确切地说，创新帮助企业实现了“伟大”和“长寿”。[2] 在战略意义和领导力方面追求创新，就像是在追求圣杯。为了获得创新优势，超越竞争对手，人们孜孜以求，提出了许多方法。

早先，创新研究关注的是组织、掌握现有的技术或新发明，目的是找到使用技术（技术推动）来获利的全新方法。后来，用户不仅为创新做出贡献，[3] 而且还改变了创新——也就是说，创新在被投入使用的过程中仍继续发展。[4] 因此，在某些领域中，只要客户需求尚未得到满足，企业的创新活动就仍然发挥作用——不论客户需求已经明确，还是有待系统研究。研发投入可以转向这些领域，找出满足这些需求（需求拉动）的方案。

118 创新管理的目标是让组织能响应这些外部或内部的机会，发挥自己的创新能力，以求产生新的创意、流程或产品。因此，创新管理不仅是一套工具，或某种特定程式的活动。除了还存在争议的一系列因素[1]外，企业层面的创新成功取决于两大要素：一是有利于创新行为的环境，二是创新成果（即解决方案）的高效转化过程——如生产或交付产品，并在市场上占一席之地（由具选择权的用户决定）。

组织各层面的员工都为公司成功地研发、制造和营销做出贡献。[5] 一部分研究认为，相较于员工个人的创造力，创新更依赖于与员工在社会环境下的互动，依赖于与异质性人群相遇、交流，形成"文化漩涡"。[6] 另一些研究强调个人的作用。对创新管理者而言，令他们沮丧的是，史蒂夫·乔布斯这样的杰出榜样恰恰说明了颠覆性创新[7]尤其需要天才。然而，创新者 DNA 是罕见的。[8] 虽然杰出个体的作用仍存在争议，但无可辩驳的是，某种形式的"创意阶层"——单人智慧、众人团队，或仅仅是激励性的背景氛围——是创新和经济发展的关键驱动力。佛罗里达 (Richard Florida) 率先系统地描述了这一社会人口学阶层及其"超级创意的核心"的具体作用。[9] 这一阶层包括了教育或研究领域的许多职业，并且与艺术、设计，和媒体工作者组成了一个重要的分支。[2]

跨越鸿沟的需要
The Need to Bridge the Gap

在外人看来，创意阶层的着装和行为与传统职场格格不入，而今他们也在制定自己的工时和着装规范。如萨顿 (Sutton) 所说：

[1] 虽然人们研究了各种成功的因素，但并没有得出一个最佳"配方"（见 J. Hauschildt, *Innovationsmanagement*, 3rd ed. [München: Vahlen, 2004]）。这并不奇怪，因为在任何情况下僵化的流程都会阻碍创新。

[2] 当前媒体管理研究的一个关键问题是如何更系统地激发创意元素。例如，金 (Lucy Küng) 花了很多精力来确定标准，指引人们在媒体业以及更普遍的创意产业中有持续优异的表现。最近，研究了其他行业能否借鉴媒体行业中企业的成功经验。针对创新经济和新思想经济，托尔 (Gordon Torr) 进一步强调，要从管理这些创新人才的困难中总结领导力的一般教训。

> 每家公司都想创新，但很少有人开发出管理这一过程的方法。这是因为理性管理的一般规则并不适用……如果你想要的是创造力，你应该鼓励人们忽视上级、挑战上级，而且，你在这么做的时候，要让他们相互竞争。[10]

那么，这一切最终与设计思维有什么关系呢？基于创新“思维方式”
119 的“顿悟时刻”(a-ha moment) 可以追溯到司马贺《人工科学》一书，[11] 这本书是设计思维的理论基石。更多理论驱动的设计思维会从中受益，由此我们就能期待更多创新管理的实证研究、创造力及其管理的系统研究，以及更合适的理论框架。这些研究可以而且应该更深入地探究目前的知识体系。其中的名词听起来很熟悉，例如过程主导、用户角色和用户洞察力（包括对使用语境中的民族志研究）以及意义的作用。此外，如果是想帮助年轻人将一系列创意转化为商业上的成功，那么把创新管理、创意产业和设计思维这三方面的研究联系在一起对三者都有利。我们可以从如何“驯化”顿悟时刻这个角度来考虑问题。

仅仅教会学生思考是不够的。毕业时，管理者或设计师要具备将创意转化为现实的能力。T 型人才的必备条件是：人在某一知识领域有深度认识的同时，在广度上也能横跨多个领域。正如 IDEO 所说，这是杰出创新者的关键特征——这在理论上说得通，但在具体培养时很难得到清晰的界定和执行。此外，想要跳出框框来思考，想要挑战传统智慧，这些想法虽值得称赞，但也可能导致草率决策和“盲目迷恋新颖性，从而牺牲了连贯性”。[12]

因此，困难在于，针对新颖性和连贯性的刻板印象，我们要找到消除二者矛盾的方法。[13] 我们还要打破以下刻板印象：设计师富有创意，而管理者却没有。针对创新个体和群体的角色及其管理和培养，目前已有各种理论和实证研究，或许只有教育才是真正的试金石：那些准备充分的学生会在职业生涯中获得成功。

克服"差异性"猜想
Overcoming the Conjecture of "Otherness"

一些设计思考者为了将自己区别于"管理者"而过分强调他们之间的差异或"对立"，一些管理者为了将自己区别于设计师也会这么做。这会影响他们的知识立场，不利于对未来的设计师和管理者的培养。新兴的学术领域需要构建差异性，这是可以理解的，但这也会是一个障碍，
120 就像斯诺 (C. P. Snow) 的"两种文化"对立假设一样。[14] 他认为，整个西方社会的知识界分成两种文化标签，即科学和人文。但要解决问题，这种分裂就成为了最大的障碍。事实上，这种所谓的对立有时是自我应验的预言；有时（大多数情况下）两种文化差异成功弥合的案例说明斯诺的观点过时了。尽管"两种文化"的观点是有局限的，但我们仍在过分强调设计思维和管理思维之间的差异。[15]

当代的商业思维与设计思维共有强大的知识基础，两者的差异主要体现在实践中。我们要进一步研究知识基础，揭示相同模式可能会出现在不同的思维方式中，而思维方式则是行为的基础。要解决这个问题，伯内特把设计思维理论建构与"大脑运作机制的科学发现"相关联。[16] 在这样的语境中，设计思维可以通过行为反馈来为创新和生成知识提供思想框架。可观察的现象——即设计实践的活动和结果——可以被视为设计思维的效果。伯内特将思维模式归纳为七种：① 意图性，② 参考性，③ 相关性，④ 形成性，⑤ 程序性，⑥ 评价性，⑦ 反思性。伯内特用过马路的例子来解释这些模式：

> 当人们想要或需要穿过马路（意图性）时，问题情境出现了。为了确定怎样过马路，你必须先收集现场的信息，例如街道布局、交通灯状态、交通流量、你的相对位置等（参考性）。你整理这些信息，拟定过马路的不同方案，分析哪个能让你最好地达成目标（相关性）。如果非常着急，你也可能会考虑闯红灯。无论你选择哪种方案，你都可以据此制定行动计

> 划（形成性），再执行这个计划穿过这条街（程序性）。与此同时，你还会评价进展，评估风险，根据需要调整行动（评价性）。一旦穿过马路，你会开始反思这个经历，将从中学到的内容加入关于过马路的知识中（反思性）。我们对这些思考过程太熟悉，以至于我们压根没有意识到它们是不同的思维方式。[17]

将设计思维定义为“解决问题的系统方法”，[18] 强调了管理的本质要求，即“应对业务增长的挑战”和“设计在解决问题和驱动未来方面发挥
121 核心作用”。[19] 从这个意义上来看，解决问题的能力不仅是一种思考方式。正如珍妮·利特卡（Jeanne Liedtka）和汤姆·奥格尔维（Tom Ogilvie）所述，“如同全面质量管理对质量的作用，设计思维可以为有机增长和创新做出贡献——为管理者处理我们一直关心的问题提供了工具和流程”。[20] 结合技术视角，蒂姆·布朗认为，设计思维“作为一门学科，利用了设计师的感性和方法，将人们的需求与可行的技术、可转化为客户价值和市场机会的高效的商业战略匹配在一起”。[21]

控制论，共同的智识基础
Cybernetics as a Common Intellectual Ground

不管我们考虑的是设计过程的结果——设计作品或手工艺作品，还是管理决策的结果，鉴于构成结果的活动与环境有内在联系，我们都无法将两者分开。在设计领域中，克里彭多夫发现，关于设计活动的知识很难形成，而通过设计活动来生成知识也是很难的，因为设计活动与环境的联系和它对环境的影响都是很复杂的，而这对于创建对一个主题的共识是至关重要的。[22]

我们既在环境内部观察，又以观察者的身份观察环境，这可以类比控制论和二阶控制论，两者都是自“生物系统和社会系统的循环因果及反馈机制”以及“人类系统的‘治理’”发展而来的。[23] 在这个意义上，“治理”

指管理和控制组织——在人类参与活动、开展活动的系统中。在不同领域的研究者，如路德维希·冯·贝塔朗菲、沃伦·麦克洛克 (Warren McCulloch)、格雷戈里 · 贝特森 (Gregory Bateson)、玛格丽特 · 米德 (Margaret Mead)、威廉 · 罗斯 · 阿什比 (William Ross Ashby)、诺伯特 · 维纳 (Norbert Wiener)、海因茨·冯·福斯特 (Heinz von Foerster)、戈登·帕斯科 (Gordon Pask) 和斯塔福德·比尔 (Stafford Beer) 等人的共同努力下，控制论打破了学科边界，成为一门独立的学科。[1] 伯纳德·斯科特 (Bernard Scott) 指出了跨学科 (interdisciplinary)、超学科 (transdisciplinary) 和元学科 (metadisciplinary) 的特征 [24] ——有人认为设计思维也同样具备这些特征。[25]

管理学的控制论基础显而易见，尤其是在创新和复杂决策方面。但无论是执行某个行为还是观察某个活动，活动模式都存在实质性的差异。兰多夫 · 格兰维尔 (Randolph Glanville) 在系统理论中明确区分了设计
122 和控制论，“控制论作为设计的理论，而设计是实践中的控制论”。[26] 因此，基于控制论的理论特征及其与设计的关系，我们可以将控制论与设计思维做一番对比。正如在设计师的工作中可以观察到设计思维一样，控制论也为思维方式提供了论证。这就是冯·福斯特为认知理论提出的循环性原则。格兰维尔在循环性和不确定性方面提出的观点尤为重要：

> 我认为，超越人类经验的循环行为 (交互) 很好地描述了设计师所做的事情 (最起码与一些理论家认为他们应该做的事情相反！)。这一阐释让我能够理解设计，正确理解设计是一种严肃的活动。设计师经过迭代而循环的过程，用铅笔、纸和自己对话，最后得到结果 (某个设计作品)，这是循环行为的表征。设计既可以被视为这一对话的过程，也可以是对话的结果。[27]

[1] 今天，存在着不同领域的兴趣以及专家之间的知识交流，于是就有了 T 型人才素质这一概念，正如文中提到的 IDEO 创新者特征。

针对设计思维，二级控制论提供了一个框架，让设计师可以向其他人解释他或她设计时在做什么，在思考什么。设计师处理复杂性，处理未知的事物，以迭代的方式工作，在某个点停下交付设计的结果。[28] 因此，处理复杂性时，设计师需要抱有一种心态，即接受不确定性和反复的试错。通过用设计思维处理复杂性的方法，控制论可以从根本上解释怎样通过分解复杂性中的结构、综合各个结构以形成新的意义，并在意识到个人感知局限的情况下进行沟通来克服迷失感。

在管理学方面，特别是系统管理，弗雷德蒙德·马利克 (Fredmund Malik)[29] ——在斯塔福德·比尔模型以及系统科学和生物系统等学科基础上——将控制论视为面向环境管理决策的投入和产出。“有效系统模型” (Viable System Model) 或“敏感性模型” (Sensitivity Model) 等模型的开发，是建立在对一系列因果关系的认识的基础上，诸如不确定性、因决策而导致的行动等。这些模型体现了控制论在实践中的适用性——格兰维尔称之为设计。

两者合力为创新做贡献
Contribution to Innovation as a Joint Challenge

从综合管理和设计的视角来看，米歇尔·阿维塔尔 (Michel Avital) 和博兰认为，“在将管理作为一种设计来处理时，人们认为管理者应该采取
123 一种设计的态度，但却不清楚他们如何将其应用于实践中”。[30] 布朗认为，问题的答案部分在于从商业视角来看人造物的创造过程：创新。在他看来，设计思维是“一种方法论，将以人为中心的设计理念渗透到所有的创新活动中”。[31] 创新并不局限在某个特定的部门或某段设定的时间内。它是一种自由流动的运动，可以贯穿整个组织。用设计思维的方法思考，或许可以打开持续创新的思路，既实现经济上的成功，又能满足人类的需求。[32]

实现创新的一系列行动——创新过程，也被看作是创新本身：“从想法产生到解决问题再到商业化的创新，是由正式资源分配决策点连

接起来的一系列组织和个人的行为模式”。[33] 爱德华 · 罗伯茨 (Edward B. Roberts) 更详细地阐述了商业上的成功，并加上了一个公式：“创新 = 发明 + 开发”。[34]

发明过程包括了所有旨在生成并实施创意的工作。开发过程则包括商业性的开发、应用和转化的所有阶段，如依具体目标聚焦创意或发明，评估这些目标，将研发成果向下转移，以及对技术成果的广泛应用、传播和扩散。

创新具有一种过程特性，这让我们可以联系到设计师实践，并且更广义地联系到设计思维。基于“创新 = 发明 + 开发”这一公式，以及发明意味着“发现或创造”，而创新隐含了“改变”之义，那么将司马贺的观点和他对设计的定义（“人人都在设计，人们构思行动方案，期望改变形势使其对自己有利。”）[35] 联系起来就是有可能的。因此，设计师被视作发明家，他们构想行动方案，改变手段和目的，这都被认为是创新。首先，在司马贺“有限理性”的原则下，这一类比关注的是设计和创新的过程特性。但是，迈克尔 · 霍布迪 (Michael Hobday) 等人认为，“设计，作为一种创造性、生成性和引发变革的活动，已经被边缘化了”。[36] 然而，这或许正是下一步研究的主题——创新过程和设计过程存在共性，而这些共性之所以被区分开来，是因为两者是由不同的语言、不同的学科和不同的知识领域构成的。

124 为了在公司框架内确定设计思维和创新的作用，马丁引入了“偏好差距”的概念，强调有必要用设计思维连接起分析思维的可靠性和创造思维的有效性。[37] 在可靠性和有效性之间，风险和结果的可预测性也存在着明显的矛盾。是开发现有知识以及改进现有产品和服务，还是生成新知识和挖掘创新来源，两者形成了鲜明的对比。正如马丁所见，对于未来，许多公司关注的是算法和产出可靠的结果。[38] 仅仅依靠提高生产机制的效率是危险的，因为这可能会导致对公司造成威胁的灾难性事件。只有从外部观察，人们才能看到这一背景下组织的结构、过程和规范。

另一方面的例子是，"联合利华和高露洁每年花费数十亿美元来研究消费者的需求之谜以及能满足消费者的产品"。[39] 这些工作很难预测，无法转换为可开发的算法。只有通过探究洞察和想法，并且将其转换为能产生成果的可靠方法，设计思维才能被视为一种弥合了分析思维与直觉思维之间差距的思维模式。

设计思维和管理思维的互利共赢
Mutual Benefits for Design and Management Thinking

创造力或发明性意味着人们对公司的环境要有更全面的认知，因为创新关系到市场成功，关系到将人类需求转化为可开发的产品和服务，关系到组织内外的不断调整。设计师的角色是跨学科产品和服务开发的促进者，这在一定程度上凸显了设计思维作为分析思维和创造思维之间的桥梁的价值。与之相反的观点是，设计师的主要功能就是创造。在创新过程中，设计师被认为能为复杂问题和抗解问题找到解决方案。[40] 基于海因茨 · 冯 · 福斯特的观点，克里彭多夫认为，处理复杂性是人类活动的特征：

> 这说明，没有人类参与的话，我们认知的世界是不存在的。
> 当我们识别行为循环的稳定性，并感知到人类行为的结果有
> 125 反作用时，我们认知的世界才产生。这种稳定性使我们能够
> 区分它们，并有选择地依靠它们。[41]

克里彭多夫用识别稳定性的概念为讨论设计思维打开了新视角。既然设计被视为一种基本的行为方式，那么设计思维的目标就是提升基于反馈行为的意识——包括理论、模型，以及改进和发明的过程。[42] 基于司马贺"人人设计"[43] 的观点，结合控制论的循环因果关系模型和创新理论的可靠性概念，我们可以把设计的未来定位在有意识进化的框架中。这也许抵消了卡尔 · 韦克 (Karl Weick) 所说的"确定的情境"。[44] 只有

脱离自然原因（如进化）而引发变化，人类才有机会在一定程度上主导他们的未来。这不仅意味着我们要意识到人类行为的因果关系，而且也表明我们要拓展知识来应对不确定性，并努力走向一个更美好的未来。

虽然设计思维并不是创新管理者们一直寻觅的那块成功创新的哲人之石，[1]但它能为新的观点和创新态度打开全新的视角。通过想象个人所开展的创新过程，我们可以避免创新管理中过于强调抽象，流程过于机械的情况。另一方面，创新也不是突然发生的。它们是人类活动的结果，或多或少受环境的影响，是被有目的地塑造的。

目前我们尚不清楚，将两种创新的方法最好地结合起来需要哪些因素，如何结合。这需要我们观察实证证据。为此，我们要用拥抱设计思维和管理思维的新方式来培养新一代学生。这并不意味着简单地合并见解，而要优势互补。讲授两者共同的理论基础，可以展示两种不同思维的相似之处。在应对创新挑战的过程中，弥合差距或许可以帮助我们找到“驯化”顿悟时刻的方法。

引 注

1 Everett M. Rogers, *Diffusion of Innovations*, 5th ed. (New York: Free Press, 1962).

2 Jim Collins, *Good to Great: Why Some Companies Make the Leap and Others Don't* (London: Random House, 2001).

3 Carliss Baldwin and Eric von Hippel, “Modeling a Paradigm Shift: From Producer Innovation to User and Open Collaborative Innovation” (working Paper, Cambridge, MA: MIT Sloan School of Management, 2009), http://papers.ssrn.com/sol3/papers. cfm?abstract_id=1502864.

4 Nelly Oudshoorn and Pinch Trevor, “Introduction: How Users and Non-Users Matter,” in *How Users Matter: The Co-construction of Users and Technologies*, ed. N. Oudshoorn and T. Pinch (Cambridge, MA: MIT Press, 2003), 1–28.

[1] 哲人之石，philosopher's stone，西方传说中炼金术士所探寻的神秘物质，能将普通金属转化为金银等贵金属。——译注

5 Tony Davila and Marc J. Epstein, eds., *The Creative Enterprise: Managing Innovative Organizations and People* (Westport, CT: Praeger, 2006).

6 Gisela Welz, "The Cultural Swirl: Anthropological Perspectives on Innovation," *Global Networks* 3, no. 3 (2003): 255–70.

7 Clayton M. Christensen and Michael Overdorf, "Meeting the Challenge of Disruptive Change," *Harvard Business Review* 78, no. 2 (2000): 66–76.

8 Ibid.

9 R. Florida, *The Rise of the Creative Class: And how it's Transforming Work, Leisure, Community and Everyday Life* (New York: Basic Books, 2002).

10 Robert Sutton, "The Weird Rules of Creativity," *Harvard Business Review* 79, no. 8 (2001): 94–103.

11 Herbert A. Simon, *The Sciences of the Artificial* (Cambridge, MA: MIT Press, 1969).

12 Chris Bilton and Lord Puttnam, *Management and Creativity: From Creative Industries to Creative Management* (Oxford: Blackwell, 2006).

13 Henry Mintzberg and James Waters, "Of Strategies, Deliberate and Emergent," *Strategic Management Journal* 6 (1985): 257–62.

14 Charles P. Snow, *The Two Cultures* (Cambridge: Cambridge University Press, 1959).

15 David Dunne and Roger Martin, "Design Thinking and How It Will Change Management Education: An Interview and Discussion," *Academy of Management Learning and Education* 5, no. 4 *(2006): 9.*

16 Charles Burnette, "A Theory of Design Thinking" (prepared in response to the Torquay Conference on Design Thinking, Swinburne University of Technology, Melbourne, Australia, November 1, 2009), http://www.academia.edu/209385/A_Theory_of_Design_Thinking.

17 Ibid., 1–2.

18 Jeanne Liedtka and Tim Ogilvie, *Designing for Growth: A Design Thinking Tool Kit for Managers* (New York: Columbia University Press, 2011), 4.

19 Erik Roscam Abbing and Robert Zwamborn, "Design the New Business," Rotterdam: Zilver Innovation, 2012. http://www.designthenewbusiness.com.

20 Liedtka, *Designing for Growth*, 5.

21 Tim Brown, "Design Thinking," *Harvard Business Review* 86, no. 6 (2008): 2.

22 Klaus Krippendorff, "A Trajectory of Artificiality and New Principles of Design for the Information Age," in *Design in the Age of Information: A Report to the National Science Foundation (NSF)*, ed. K. Krippendorff (Raleigh, NC: School of Design, North Carolina State University,1997), 95.

23 Bernard Scott, "Second-Order Cybernetics: An Historical Introduction," *Kybernetes* 33, no. 9/10 (2004): 1366.

24 Ibid., 1365–78.

25 Wolfgang Jonas, "Schwindelgefühle—Design Thinking as General Problem Solver?" (paper presented to the EKLAT Symposium, Berlin, Germany, May 3, 2001).

26 Ranulph Glanville, "Try Again. Fail Again. Fail Better: The Cybernetics in Design and the Design in Cybernetics," *Kybernetes* 36, no. 9/10 (2007): 1173.

27 Ranulph Glanville, "An Observing Science," *Foundations of Science* 6, no. 1/3 (2001): 45–75.

28 Glanville, "Try Again. Fail Again. Fail Better," 1196.

29 Fredmund Malik, *Strategie des Managements komplexer Systeme: Ein Beitrag zur Management-Kybernetik evolutionärer Systeme* (Bern: Haup, 2008).

30 Michel Avital and Richard J. Boland, "Managing as Designing with a Positive Lens." in *Advances in Appreciative Inquiry*, Vol. 2, ed. R. J. Boland Avital and D. L. Cooperrider (Oxford: Elsevier, 2008), 10.

31 Brown, "Design Thinking," 1.

32 Brown, "Design Renews Its Relationship with Science," 84-92.

33 Burton Victor Dean and Joel D. Goldhar, *Management of Research and Innovation* (New York: North Holland, 1980), 284.

34 Edward Baer Roberts, *Generating Technological Innovation* (Oxford: Oxford University Press, 1987), 3.

35 Simon, *The Sciences of the Artificial*, 111.

36 Mike Hobday, Anne Boddington and Andrew Grantham, "An Innovation Perspective on Design: Part 1," *Design Issues* 27, no. 4 (2011): 15.

37 Roger L. Martin, *Design of Business: Why Design Thinking is the Next Competitive Advantage* (Harvard Business Press, Boston, MA, 2009), 54.

38 Ibid., 39-40.

39 Ibid., 40.

40 Horst W.J. Rittel and Melvin M. Webber, "Dilemmas in a General Theory of Planning," *Policy Sciences* 4, no. 2 (1973): 155-69.

41 Klaus Krippendorff, "The Cybernetics of Design and the Design of Cybernetics," *Kybernetes* 36, no. 9/10 (2007): 1385.

42 Donald A. Schön, *The Reflective Practitioner: How Professionals Think in Action* (New York: Basic Books, 1983).

43 Simon, *The Sciences of the Artificial.*

44 Karl E. Weick, "Design for Thrownness," in *Managing as Designing, Stanford*, ed. R.J. Boland and F. Collopy (CA: Stanford University Press, 2004), 77.

新兴的生产模式：设计商业的视角

斯特凡诺·马菲

马西莫·比安基尼

一个复杂系统的转变

A Complex Systemic Transition

129 虽然有研究表明，许多发达经济体的生产创新体系正在衰退，[1]但进一步的观察发现，事实上它们正在经历系统性的转变。[2]要理解这一转变，就得从最初的问题设定开始，理解“微观—宏观”层面上市场、设计过程和设计职业中的变化，这些都影响着西方的工业、产品和生产模式。

生产模式的改变

发达资本主义社会中，既有复杂的全球性产品（汽车、智能手机、消费电子产品、计算机），[3]与大规模生产领域相关；又有与消费趋势相关联的简单的全球性产品（鞋类、运动器材、家用电器、服装等）。相比

[1] 2003—2011 年，全球制造业产量中，欧洲、美国和中国的份额发生逆转（数据来源：联合国）。欧洲的份额（27 个成员国）从 31% 下降到 21%，美国从 27% 下降到 17%，而中国则翻了一番（从 10% 增长到 20%）。

[2] 《大西洋月刊》(*The Atlantic*) 近期有一场关于内包 (insourcing) 的有趣的争论，分别是弗里德曼 (C. Friedman) 的《内包的繁荣》(*The Insourcing Boom*，2012) 和托纳尔森 (A. Tonelson) 的《内包并非繁荣》(*The Insourcing Boom that Is Not*，2013)。另一个有趣的现象是增材制造的增长。2013 年，全球 3D 打印产品和服务支出达 22 亿美元（2003 年，该行业收入仅占总收入的 3.9%）。沃勒斯协会 (Wohlers Associates) 估计，四年后全球 3D 打印产品和服务的销售将接近 60 亿美元。

[3] 这些人造物，由大规模定制平台按精益生产模式和需求定制模式生产。

之下，所有其他产品都通过专用且灵活的生产模式进行小规模生产，并采用“小批量生产”甚至是限量版的概念。然而，到目前为止，后者基本上已商品化，它们的销售量并不足以被作为现有产品的替代品，而只能
130 作为现有产品的补充。此外，这些“分配—消费”的动态关系正越来越多地面向非常小的利基市场，生产“长销品”和畅销品，这也可能会使新的设计品类呈指数增长。[1]

市场结构的改变

人们谈及市场时，似乎通常将其视为单一的大型社会性机构。但是，现在我们最好用一种崭新的、复杂的、与众不同的维度来讨论不同的市场——安德森称之为“长尾市场”。[2] 简而言之，产品、生产、分配和消费的变化也将影响公司，这些公司将不再大批量生产，而是按需少量定制。

产品本质的改变

设计和产业之间的关系变得前所未有的复杂。日常生活中充斥着互动而复杂的物品，这些物品具备有形或无形的本质和结构（软件技术、智能手机、服务、通讯平台等）。这些物品遵循不同的结构本体论，因此对形式（美学外观）、结构、身份和创新的定义也持不同的态度。仅靠旧的设计类别和学科，无法解决这个新的设计问题。因此，将工艺和设计相糅合能得到不错的实验性结果。在交互设计、黑客、DIY 方法和创客（微观装配实验室 Fab Lab[1]理念相关[3]）等领域的联合探索，让我们有可能重新定义商店、车间、实验室、工作室和工厂，创造出新的设计模式和生产模式。[4]

[1] 目前，世界上有 150 个微观装配实验室（Fab Lab，http://www.fabfoundation.org/）。微观装配实验室的数量激增，大约每 18 个月翻一番。而微观装配和创客文化以点对点的开放设计流程和现场生产为基础。

设计过程的改变

如上所述，如果设计产品不只是有形的人造物或实体，那么设计过程也会发生相应的变化。在这种情况下，协作式软件生产的模式[5]（如生成性设计和开源设计[6]）影响了设计情境，促进了包容性或集体性知
131 识生产模式的增长。由于此间涉及诸多复杂项目，如交互式人造物的界面、数字技术控制和命令平台的界面等（这些界面以技术为基础整合了美学、功能和交互导航），设计过程就必须要有共享的态度。

设计师工作的改变

开放创新和点对点生产模式、复杂人造物以及生产过程的变化（远程网络、外包、范围经济），这些事物的发展加剧了设计的复杂性。当今，创新行为往往是复杂交互的结果，这个过程中知识的所有权和使用权的归属等界定正日益困难。再加上专业类别之间也存在差异：受过良好教育的设计师越来越多——设计成为一种**大众职业**[7]——而对专业服务的需求也日益增加，但两者的发展并不平衡。越来越多的设计师使用试探性的设计模式，换句话说，他们主动向那些并没有提出需求的公司提供设计方案，但这样做很难获得保障（且无论如何都代价高昂），这些设计方案很可能不会进入“生产—分配”的过程。

设计与企业之间关系的改变

Change in the Relationship between Design and Enterprise

上述议题都说明了，设计与企业之间的传统关系不再是既定不变的（或者至少是正在快速演化的）；专业设计服务的供需关系正在变化。因此，委托人与执行人之间的关系也在变化。事实上，我们可以见证这两种角色的重叠。从历史上看，制造企业和设计师归属不同的组织，有着不同的功能和能力，在角色、任务和等级上有着明确的区别：一个组织（制造企业）委托项目，而另一方（设计师）来执行。现在，设计、生产和分配过程出现了转型和融合，以前这些事务是由一家公司、一位设计师和

一家分销公司共同承担的，现在却可以由一家机构掌握或管理所有这些功能。这就是**设计师即企业**[8]的特殊情况，一种新兴的类别：担任多种专业化角色，[9]具备设计、制造和技术的不同技能，适于微小规模生产或微型化生产。[1]

微型化生产的新型生态系统的发展
The Growth of a New Micro-Production Ecosystem

132 目前，在发达经济体及其小规模生产活动中，同时存在着“设计—生产”关系的不同模型。[10]除了传统的“设计—微型企业”关系，微型化生产也更新了其生产方法，甚至出现了全新的方法。与自主生产领域相关的小型参与者组成了一种异质系统。[2]他们自主地和自发地运作——无论是个体还是集体的层面，实施按需和在地的生产及分配。在这些情况下，设计师往往本身就是制造企业，成为整个过程的推动者（所有者）和管理者，重新配置“设计—生产—分销链”，与由“用户 - 客户 - 设计师 - 企业”构成的“社区 - 市场”建立起直接的关系。[3]各方把设计、自主生产技能与不同的目标相结合，组成一个生态系统。其中，根据他们或业余或专业的性质以及创业型职业，可以划分为三个主要类别（见表10.1）。

所有参与方都有共同的愿望和能力亲自“创造”和管理，变创意为现
134 实，并在社会和生产团体、网络中分享部分工作。经济学家、技术专家和

[1] 指个人在小型实验室和微型工厂中使用单机工具制造特殊物件和限量品。其所涉及的概念包括微观装配、制造、桌面制造和自生产（自制的设计和 DIY 活动）。

[2] 本文作者将自生产和自制设计定义为“一套有组织的活动，目的在于让设计师实施全部战略定位、选择、设计、施工、沟通和分配的过程，完成新产品或新服务的开发”。这些都可以自由地、以不同的方式进行。然而，它们只有系统性地共存，才真正算是自生产的设计。整个工作清单并不一定要由个人或团体亲自来执行。但是，如果各方不直接制造物件，他们至少必须组织或委托他人来做。见 S. Maffei and M. Bianchini, “Self-made Design: From Industrial to Industrious Design,” *Ottagono* 257 (February 2013)。

[3] 作者创造了“社区 - 市场”这个词来解释两个概念。第一个与市场的构成有关，市场由个人和群体组成一个高度多样化的社区；这些人不是一般客户，而是家庭成员、朋友、粉丝、追随者和资助者。第二个与微型化生产商的能力相关，这些生产商通过与客户建立私人和直接关系开辟自己的市场。

表 10.1 微型化生产系统[a]

1. 零部件的微型化生产	
重新创造者	这类人使用（自己或其他人的）设计和技术生产能力，提出创造性解决方案，目的是修复或提高现有产品的功能（例如，以与计划中过时的逻辑相反的方式工作）。[b]
定制生产者	这类人使用（自己或其他人的）设计和技术生产能力，通过重新设计和生产零部件改造现有产品，总体目标是在确保功能和使用方式不变的同时，改进外观和性能。
2. 产品和服务的微型化生产	
黑客	这类人使用（自己或其他人的）设计和技术生产能力，通过重新设计和生产零部件改造现有产品，改进或革新其外观、功能和使用方式。
创客	业余 / 专业的自主生产者，使用（自己或其他人的）设计和技术生产能力来开发产品服务解决方案，包括开发市场上没有的生产技术或设备。
3. 微型化生产中的企业	
设计师即企业	“临时”的自主生产企业家，使用（自己或其他人的）设计和技术生产能力开发产品服务解决方案并出售，包括开发市场上没有的生产技术或设备。
微工厂	设计师即企业，发展成为“永久”的自主生产企业家，使用（自己或其他人）设计和技术生产能力开发产品服务解决方案并出售，成为致力于设计、制造 / 装配和分销的微型机构（微型工厂、实验室、创客设施）。

[a] 这张表是从设计的角度来定义，还对部分由其他学科专家给出的定义进行了重新阐述。重新创造者和定制生产者从修复（修复者）和重新制造（翻新）以及高端定制（优化和微调）中获取价值和技能。黑客和创客从他们各自领域中获取价值和技能，这一点已由研究网络的社会学家和个人数字制造的专家给出了描述 (Himanen et al., 2001, Lipson and Kurman, 2013)。“设计师即企业”和微型工厂，与当代手工艺业中的“设计师 - 匠人”有着共同之处 (Schwarz and Yair, 2010)。

[b] Giles Slade, *Made to Break: Technology and Obsolescence in America* (Cambridge, MA: Harvard University Press, 2006).

科学家正越来越多地从创新过程的角度研究这些微型制造商，特别是那些非正式的、即兴的和独立的微型制造商。[11] 许多微型生产者建立自己的企业，从实现非预期的和自发的想法开始，解决具体的个人或社会问题（“街角的企业家”），[12] 而这些问题常出现在大型城区（“城市里的小型制造商”）。[13] 因此，在这些参与者的帮助下，微型生产被重新界定为一种开放的分布式系统：

> ……一个实践和生产加工的“社区”，适合生产特殊物品或限量系列的材料工件（或零部件），依据特定目的或“设计意图”构思，由个人或集体手工搭建和组装，或用模拟、数字工具和机器装配制造，由众多的参与者（业余爱好者、专业人士和企业），在临时的或永久的小规模场地（不一定是专用的生产基地），以不同于常规类型的方式和条件分散开展。[14]

一系列相互关联的数字和机电技术支撑了这一新兴的生态系统中的参与者和活动。这样的技术组件体积越来越小巧，功能越来越多样，还能按照个人或集体的用法方便地连接。这些新工具 / 新流程的组合为设计、生产和营销工具的实现，以及基于一个或多个平台的新市场的创建奠定了基础。事实上，开源技术使设计师（如果有能力的话）能够直接设计工具，或应工作需要个性化改造工具，或者使用（共享）其他（类似或相同）参与者的工具，依自己的目的将这些工具做个性化处理。例如，新参与者能够建立小规模的生产场所，如微型制造实验室、创客空间 [15] 以及微型工厂，配备模拟 / 数字工具和机器，将数字、交互式制造 [16] 和手工生物制造相结合。此外，依靠越来越多的在线和离线工具（免费、低成本或付费使用），现在大家都能开发自己的产品。这些工具可在以下阶段给他们提供支持：

1. **创意激发和设计**,通过设计和开放设计的应用程序提供服务和资源,如开放结构 (Open Structure) 和 WikiHouse[1] 等,以及 BubbleUs 等设计社群、Thingiverse 等草图/模型或设计指南的在线存储。

135 2. **教育和培训**,通过培训和信息服务。以工具和教程来培训设计和自主生产所必需的技术知识。这些工具和教程可以从教学和课程平台下载,如“创客学校”(Tinker and Maker Schools),MakerBot 的创客学院 (MakersAcademy)[2] 等。

3. **融资和孵化**,通过 Kickstarter 或 IndieGoGo 等众筹平台[3]、多学科研究实验室(如学术型设计工厂)[4] 以及众多的风险投资家、企业加速器和孵化器等提供的服务。

4. **生产和分销**,通过设计师、数字制造设备和技术的生产商提供的产品和服务。从 RepRap 项目[5](图 10.1)相关的开源数字制造商,到 Makerbot 和 Ultimaker 等商用低成本设备、DIY 中心、工作坊、TechShop、微观装配实验室等创客空间、Artisans Asylum 等本地微制造中心、100kGarages 等分布式制造网络、3D 中心和创客地图 (Maker Map)[6]、Ponoko 等聚集地和虚拟生产服务中心,到在线分销平台或展示厅(如 Etsy)、临时商店和画廊、独立设计节和创客集市。

[1] 开放结构 (www.openstructures.net/) 项目探索模块化建造模型可能性,以一个共享的几何网格为基础,在此之上人人可为人人设计。WikiHouse(www.wikihouse.cc) 是一个开源建造系统。通过这个系统,人人都能设计、下载、改进、分享和“打印”、手工组装高性能、低成本的房子。——原注

[2] 创客学院是 MakerBot Industries 公司(2013 年起并入 Stratasys 公司)发起的一个项目。这个项目的目标是给美国的每所学校安装一台桌面 3D 打印机。

[3] Massolution 的众筹行业报告称,众筹平台共筹集了 27 亿美元,在 2012 年成功资助了 100 多万次活动。Massolution 预测,2013 年,全球众筹量将增长 81%,达到 51 亿美元。

[4] 斯坦福 d. school(美国)、阿尔托大学(芬兰)、DuOC(智利)和斯威本大学(澳大利亚)等的多学科研究实验室,设有相应的创客设施,孵化基于创新产品和服务的初创企业。

[5] RepRap 是巴斯大学 (University of Bath) 的安德鲁·拜耳 (Andrew Bayer) 于 2006 年开始的研究项目,该项目制造了一个开源的低成本 3D 打印机,帮助了许多 3D 小型制造商,比如 MakerBot Industries(www.makerbot.com/)。这是第一家低成本 3D 打印机的工业生产商。

[6] http://www.100kgarages.com; http://themakermap.com/; www.3dhubs.com/。

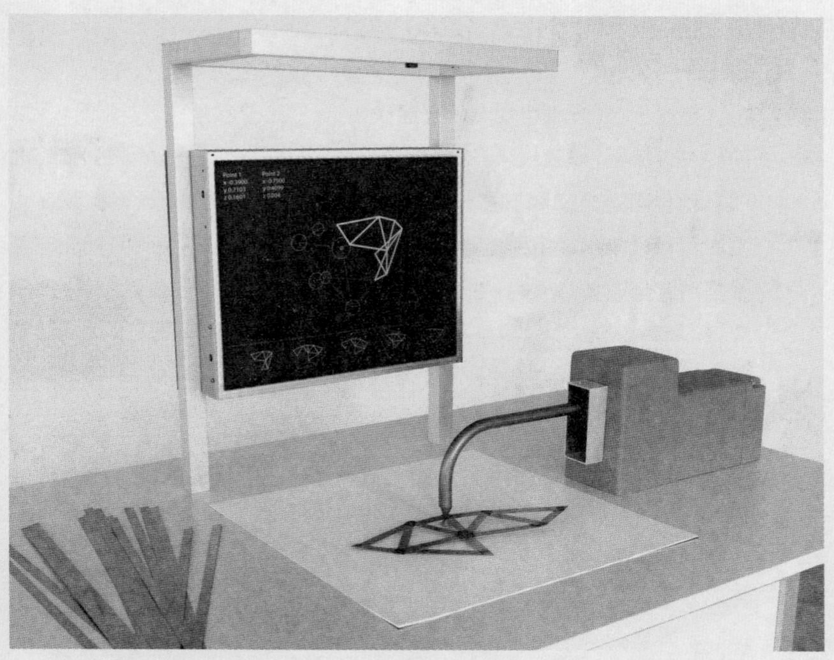

图 10.1　用计算机来增强工艺的机器。本图演示了 RepRap 生态系统及 3D 打印机的发展历程（访问日期：2014 年 8 月 8 日，维基百科）。软件编程：马丁·施耐德（Martin Schneider）。硬件电子设备：大卫·门廷（David Menting）。© 克里斯蒂安·菲比格

设计师即企业：一个新兴的生产（系统）模式
Designer = Enterprise: An Emerging Production (System) Model

136 历史上，许多成功的产品都建立在设计、企业和地区（工业区域）之间的良性关系，以及设计师和企业之间的私人关系之上。现在，我们面前有两种可选方案和安排，说明工业系统中发生的变化也将反映在相应的设计领域和市场中。随着传统模式的衰落（这当中设计与商业的关系是约定俗成的），“设计师即企业”[1]这种现象正在兴起，设计、生产和营销的传统逻辑，以及设计和商业的传统关系变得更加复杂。后一现象在分析中最有趣，因为它最接近意大利设计可能的新模式：设计师不再向公司提供自己的服务，而是**成立自己的公司**，确定自己与其他企业和市场的新型关系。许多重要经验已反映出这种现象，但尚未得到巩固。采用“设计师即企业”的说法并不意味着**设计师和企业是一回事**，而是因为独立的创业型 / 制造型参考模式已不复存在，“设计师 - 企业”这一合体成为了设计师和企业的机遇。它代表着设计业务的新模式和市场运作的新方式。

“设计师即企业”的本质
The Nature of the Designer = Enterprise

但是如何定义“设计师 - 企业”呢？他们是创新的推动者，是掌握设计、生产和销售技能的创客，他们为某一产品和服务的开发激活了临时流程，并为现有（或待创建）的利基市场提出自己的创新方案。能做到“设计师即企业”的人能具体地实施项目，即便他自己不是设计专业出身也能开发产品，因为他们能把一个既定的情况改造成一个理想的状态。[17] 他们是复杂市场的参与者，具体特征在于能使用便捷的生产服务

[1] Designer=Enterprise，是 Venanzi Arquilla 和本文作者们在 2011 年创造的概念；本文对此概念展开讨论，认为其“代表一种设计和生产的异质复合体。”根据语境，文中有两种对应的翻译：1）作为模式时，强调设计师和企业之间的关系，译为“设计师即企业”；2）作为行动者时，强调设计师和企业这个组合身份，译为“设计师 - 企业”，以区别传统的以设计咨询公司为代表的“设计师企业”。——译注

来开发创意，以及利用个性化的营销形式，将可配置的个人和社区市场相连。

在这个过渡阶段，像"设计师 - 企业"这样的参与者也可以利用目前公司的资源、制造能力和技术专长，并根据自身设计要求关联和组合这
137 些资源。因此，他们将自己区别于意大利设计的传统经验，因为设计师也可以成为企业家（也就是说，他们也掌握了生产手段），可以完成自己的项目产品周期。

"设计师即企业"的生产

"设计师 - 企业"是独立的机构，与各种设计、生产和分销网络合作，但不受以下事实的约束：即使在取得市场成功的情况下，他们也必须自主地改变规模，或者稳定他们的活动或产品（从而成为完全意义上的企业）。他们要视不同情况来决定：

- 是否总是生产相同类型的产品；
- 是否总是以同样的规模生产；
- 是否总是与相同的网络或同类型参与者合作生产；
- 是否总是在同一个地方生产；
- 是否只从事生产，还是兼顾经销，或者两者都涵盖。

因此，"设计师即企业"代表了一种设计和生产的异质组合，由设计师、建筑师、工程师、手工艺人、技术人员、艺术家、企业家和新创客来实现，这类组合的诞生和发展（个人的和集体的）遵循各自的特殊模式。如今，"设计师 - 企业"主要运营技术复杂程度处于平均水平以下的生产领域：纺织品、服装、家具、家用和个人配件，还包括机床、自行车、摩托车、机器人，甚至微型建筑模块。他们的工作不是自动推进的，而是通过"试错"来推进。这些工作混合着不同的发展过程，有的是分领域的（活动连续发生在同一领域内），有的是按市场的（活动持续针对同类消费者），

图 10.2 Don't Run（Beta）是一个微型鞋厂，利用数字制造技术探索小规模生产的可能性 © 尤金妮亚·莫尔普戈（Eugenia Morpurgo），胡安·蒙特罗（Juan Montero）

或者是根据技术的（活动一直利用同一技术）。比如，Don't Run (Beta)（图 10.2）和 Polyfloss 或 Officine Arduino[1]等创意和再生工厂，利用的是增材制造技术和开源硬件。“设计师 - 企业”也可能是业余爱好者，凭热情创建自己的公司。例如，D-Shape 和 WASP 正在开发基于大型 3D 打印机的建筑系统。有些“设计师 - 企业”着力于开发低成本的、自建定制的或重启的技术。这套模式中，设计和生产实践往往与设计师本人直接相关，与个性化的生产系统一致，这些表明本地系统的整合模式正在转型。这对创新流程有影响，需要重新配置创新流程。

[1] Arduino 是一家意大利公司，该公司基于一块简单的微控制器板以及为此板编写软件的开发环境，生产开源的实体计算平台。Arduino 可用于开发交互式物件，从各种开关或传感器中获取输入源，控制灯、马达和其他物理输出，详见 http://arduino.cc/。

“设计师 - 企业”的组织和商业模式

The Organizational and Business Models of the Designer = Enterprise

“设计师 - 企业”的整合式人力管理

138 从组织模式来看，“设计师 - 企业” 中，企业家、设计师和管理者集中于一人，领导力也体现于个人。[18] 现有的设计管理方法和工具因其高度结构化和官僚主义，都无法简单照搬到“设计师即企业”的组织过程中。“设计师 - 企业” 具有自己的组织特点。不同于传统公司中或为传统公司工作的产品设计师和设计管理者（发挥设计领导力），“设计师 - 企业” 不需要通过公司的其他业务部门（例如营销、技术办公室），就可以建立设计和创新策略。[19]

但是，在许多 “设计师 - 企业” 中，我们可以看到个人（设计师）和组
139 织（企业）之间一直存在着“矛盾”。为了组织和管理生产、营销工作，这两个方面需要不断地维持平衡。这些微型个人组织的“可塑性” 与“精益创业” 的逻辑相匹配。[20] 因此，我们可以认为 “设计师 - 企业” 是 “（设计）商业进程的快速原型设计者”。“设计师 - 企业” 的特点源自他们的“创客本质”，即具备创造和开发事物的能力，以及在相应决策过程中与他人合作的能力。[21] 这也意味着，通过以“弱关系” 为中心的关联能力建设，[22] 建立实践网络，再通过不断寻求新的合作关系和机会，完善该网络。从本质上讲，越来越多的设计师正成为微型生产网络的策划人、编辑或规划者。[23] 在经济转型的历史阶段，这种态度是颇具竞争力的武器，使设计师能够成为点对点制造社区的新枢纽，与工匠和小企业共同管理这个社区。

由“设计师 - 企业”进行商业（的）设计

在以知名职业设计师为主的设计市场中，大量的无名 “设计师 - 企业” 正在涌现，他们的关注点已从有形产品转到了无形创意的价值中。“设计师 - 企业” 可以代表自己，他们不再是第三方创新项目的执行者或解释者。“设计师 - 企业” 主导了创新的过程，因为他们能够具体地落实这一过程。“设计师 - 企业” 可以基于设计师凭几个成功创意（如 “版税”

模型）来谋生（甚至可保障其一生衣食无忧）这一模式，转变为设计师抓住一个创意的机会，用自己的个人品牌和资金，把创意转为产品或商业进入市场，并尽可能地降低风险，同时让其他人或用户参与其中。通过分析100家“设计师-企业”的代表案例，[1]我们发现他们很多人亲身经历了创业实践（先创建产品，再创建企业），这与传统的企业孵化过程非常不同（先建立企业，再由企业创建产品）。许多“设计师-企业”的总体目标不只是销售产品。在某些情况下，企业会发布产品的电子文本、提供免费下载服务（而且**免费增值**[2]）、开放代码，以提升设计师的社会和职业声誉（“点赞数”和“下载量”正成为新式货币）。另一些情况则是企业将微型化生产用作工具（设计调查或演示作用），以便在**众筹**平台上为创业活动找到必
140 要的资源。即使那些继续服务于传统市场的设计师，也偶尔或长期地用微型化生产来补充他们的收入，或作为发展企业的一种投资。

“设计师-企业”往往是设计师从少量生产一个或多个产品或某一特殊部件的尝试开始，有时也会研发工艺过程、技巧、工具或原创技术。如果这一尝试获得成功，他们就会组织必要资源满足新市场的需求，从而优化制造过程。同时，也可以设计新版本的方案或新的产品线。如果市场反响良好，设计师就转变为“企业”：生产活动逐渐取代或补充纯设计活动。当然，这不是一个常规和不可逆的路径；相反，这个过程促进了设计师这一角色的不断发展。因此，设计和生产成为一种**持续相连的**活动，改变了设计师传统的工作领域，不再是工业和服务业的供应商和顾问。另外，在进军市场的过程中，“设计师-企业”也以不同的方式看待竞争和竞争优势。他们使用的不是传统的营销策略和工具（至少最初是这样），而是努力创建自己的“社区市场”，在物理空间上和虚拟空间上（有策略地使用社交媒体）创建人际网络。如果将这些动态互动视为整体，我们可以发现“为消费

[1] 这段分析是“为了微型化生产的设计：先进制造与开放分布式生产之间的新设计过程”的博士研究项目的一部分（博士生：马西莫·比安基尼；指导人：斯特凡诺·马菲）。

[2] 免费增值，freemium，是free（免费）和premium（额外费用）的混合词，是一种应用于专有软件的商业模式。它提供长期免费使用，但其中一些先进的特性、功能或虚拟物品需要付费购买。——译注

者设计”[1]的新模式得到了巩固。在这一模式中，“设计师 - 企业”凭借与手工艺领域的全新关系，整合生产技术的潜力；他们将电子商务服务与物流联系起来，以个性化的方式利用网络交付产品。从一般商业模式来看，我们可以发现“设计师 - 企业”是以多种方式与市场相关联的：

- **按订单设计**。“设计师 - 企业”开发产品并在其网络平台上推广。产品只有达到最小订单量（预购）时才投入生产，确保生产阶段的经济可持续（生产工作可由“设计师 - 企业”或一个或多个承包商承担）。
- **零距离 (KM0) 设计**。产品只能在网上购买，生产地点尽可能靠近客户所在地。“设计师 - 企业”开发产品，在网络平台上推广，协调本地工匠和制造商的分布式网络。
- **提供可供下载的设计**。“设计师 - 企业”开发产品，在网络平台
上推广，而生产阶段则完全移交给客户。客户访问在线产品
141 项目进行定制和下载（免费或付费），在不需要中间商也无需
支付运费的情况下完成（自）生产。这个商业模式也与开放设
计和开源硬件的逻辑相匹配。
- **自行设计**。“设计师 - 企业”研发软件应用程序，授权客户自行设计。通过 CAD 软件或交互式制作过程，使得设计程序可编辑，客户可通过改变参数来设计产品（如生成性设计）。在客户完成理想的建模后，产品就能制造出来并配送上门。
- **按要求设计**。按照客户所期望的时间和方式设计和生产（按需设计），有时直接进行共同设计和共同生产。
- **唯一设计**。设计和生产阶段特别地和专门地适用于生产和销售特殊或限量版商品。

[1] 为消费者设计，Design-to-Consumer，简称 D2C，这个术语是由设计师兼研究员的乔纳森·奥利瓦雷斯（Johathan Olivares）创造的。奥利瓦雷斯 2012 年发表在 Domus 在线杂志的一篇文章探讨了为消费者设计，https://www.domusweb.it/en/design/2012/12/17/d2c-generation.html。

从“产品服务体系设计”到“生产服务系统设计”：“设计师即企业”的新实践领域

From “Product Service System Design” to “Production Service System Design”: A New Field of Practice for Designer = Enterprises

综上所述，我们认为，“设计师即企业”模式将存在于这样一个世界中：传统上设计师工作方式的类别将不复存在，或彻底改变。与制造这一维度及其最重要的结构组件（手工艺和工业）相关的设计方法也发生了变化。这从根本上改变了创造力的维度。因此，创造力的不同形式不是源于工业研发和传统市场（这些与技术驱动的模式或规模经济相关），而是因为采用了截然不同的商业模式，从而产生了设计主导的共享新模式，由此削弱传统的造物知识产权的独特性。“设计师 - 企业”开发的开放式和分布式的微型化生产正在为新的“社区 - 市场”开发新产品，同时也为创造未来的“创意市场”奠定了基础。此外，“设计师 - 企业”研发了大量的技艺、技术、工具和机器，它们创造了一种增强型工艺，可以模拟、复制和提高手工艺技巧；再造了一个简化的产业，以极其小型化和手工操作的形式复制了整个工业过程和工厂。这是一个彻底而包容性
142 的变革，试图整合工业全球化的“准时生产”（快）与手工艺“从容制作”（慢），挑战我们生产商品和服务的方式。

直接和个性化控制设计和生产手段，这一社会进程已开始被重新定义。这一转变将有助于我们寻找新模式，直接参与生产，进行个性化控制，这也将创新的重点从产品服务体系的设计转变为“整个生产—营销体系的设计”。因此，面对不断增加的对象，生产场所、过程、技巧和技术都需要设计。简而言之，微型化生产者正从事着手工制作、装备、智造，也正进行着社会创新。

引 注

1 Eric Von Hippel, *Democratizing Innovation* (Cambridge, MA: MIT Press, 2005); Chris Anderson, *The Long Tail: Why the Future of Business is Selling Less of More* (NewYork: Hyperion, 2006); Frank T. Piller, *Mass Customization* (Frankfurt: Gabler Verlag, 2006).

2 Anderson, *The Long Tail.*

3 Neil Gershenfeld, *Fab: The Coming Revolution on Your Desktop—from Personal Computers to Personal Fabrication* (New York: Basic Books, 2007).

4 Massimo Bianchini and Stefano Maffei, "Microproduction Everywhere: Defining the Boundaries of the Emerging New Distributed Microproduction Socio-technical Paradigm," *NESTA Social Frontiers Conference*, London (2013): 4-6.

5 Himanen Pekka, Torvalds Linus and Castello Manuel, *The Hacker Ethic and the Spirit of the Information Age* (London: Viking, 2001); Y. Benkler, *The Wealth of Networks: How Social Production Transforms Markets and Freedom* (New Haven, CT: Yale University Press, 2006); D. Tapscott and A. D. Williams, *MacroWikinomics: Rebooting Business and the World* (London: Penguin Books, 2010).

6 M. Bauwens, "Peer to Peer and Human Evolution," *Foundation for P2P Alternatives, 2007.* www.p2pfoundation.net; Bas Van Abel et al., *Open Design Now: Why Design Cannot Remain Exclusive* (Amsterdam: BIS Publishers, 2012); Casey Reas and Chandler McWilliams, *Form + Code in Design, Art, and Architecture* (Princeton, NJ: Princeton Architectural Press, 2010).

7 A. Branzi, *Ritratti e Autoritratti di Design* (Venezia: Marsilio Editore, 2010).

8 Venanzio Arquilla, Massimo Bianchini and Stefano Maffei, "Designer = Enterprise: A New Policy for the Next Generation of Italian Designers," in *Proceedings of the Tsinghua-DMI International Design Management Symposium*, Hong Kong, December 3-5, 2011.

9 Ayesha Khanna and P. Khanna, *Hybrid Reality: Thriving in the Emerging Human-Technology Civilizations* (New York: TED Books, 2012).

10 Bianchini and Maffei, "Microproduction Everywhere," 5.

11 B. Nussbaum, "4 Reasons Why the Future of Capitalism is Homegrown, Small scale, and Independent," *FastCompany, 2012. http://www.fastcodesign.com/1665567.*

12 Navi Radjou, Jaideep Prabhu, and Simone Ahuja, *Jugaad Innovation: Think Frugal, Be Flexible, Generate Breakthrough Growth* (New York: John Wiley, 2012).

13 Nisha Mistry and Joan Byron, *The Federal Role in Supporting Urban Manufacturing* (New York: Pratt Center for Community Development, 2011).

14 Bianchini and Maffei, "Microproduction Everywhere," 4-6.

15 J. Walter-Herrmann and Corinne Büching, eds., *FabLab: Of Machines. Makers and Inventors* (Bielefeld, Germany: Transcript, 2013).

16 Karl DD Willis et al., "Interactive Fabrication: New Interfaces for Digital Fabrication," in *Proceedings of the Fifth International Conference on Tangible, Embedded, and Embodied Interaction, Funchal, Portugal* (January 22-26, 2011), 69-72.

17 Simon, *The Sciences of the Artificial.*

18 Thomas Andersson, Piero Formica, and Martin G. Curley, *Knowledge-Driven Entrepreneurship: The Key to Social and Economic Transformation* (New York: Springer, 2010).

19 R. Turner and A. Topalian, "Core Responsibilities of Design Leaders in Commercially Demanding Environments," *Inaugural presentation at the Design Leadership Forum*, London, organized by Alto Design Management 2002.

20 Eric Ries, *The Lean Startup: How Today's Entrepreneurs Use Continuous Innovation to Create Radically Successful Businesses* (New York: Crown Business, 2011).

21 Robert Johansen, *Leaders Make the Future: Ten New Leadership Skills for an Uncertain World*, 2nd ed. (San Francisco, CA: Berrett-Koehler, 2007).

22 Mark Paris Granovetter, “The Strength of Weak Ties,” *American Journal of Sociology* 78, no. 6 (1973): 1360–80.

23 Clay Shirky, *Cognitive Surplus: How Technology Makes Consumers into Collaborators* (London: Penguin Books, 2010).

爱的手工：钩针编织和社会商业设计

娜迪亚·鲁比
埃莉萨·施特尔特纳
沃尔夫冈·约纳斯

有关社会性：一些初步的反思
The Social: Some Preliminary Reflections

147 “社会性的”指我们看待设计的立场，既可理解为规范性的，目标是实现社会平衡、社会公平、社会支持、放弃不恰当的私人利益等；也可以理解为描述性的，即不同类型的交流和互动模式。根据不同的理论背景，后一种“社会性”概念是建立自创生 (autopoietic) 沟通系统，或者形成人类及非人类参与方的混合网络。

148 现代社会的演化伴随着专业化功能子系统的形成，这会导致内部复杂性显著增加，效率大幅提高，但也会造成结构僵化和自我封闭的后果：每个系统按照各自的内在逻辑运作，互不兼容，无法形成通用的逻辑，统一的价值系统更是无从谈起。设计从未发展成为一个能与法律、政治、科学或经济相提并论的、成熟完备的社会子系统。[1] 布鲁诺·拉图尔 (Bruno Latour) 认为，设计仍未进入现代阶段。[2] 这种非学科性并不是缺点，对于设计能在人造物和背景系统之间创建交互界面的这一特性来说，这种非学科性是必不可少的。[3] 这些界面取决于特定的目的：美学、功能、情感、经济、伦理等，这反映在设计的各种意识形态、理念和历史上。

这种非学科性的定位，与学科分化呈正交关系，常常会误导设计师，让他们以为自己职业的道德立场是为了“全体”。他们把本该被仔细区分的东西混为一谈：对流程变革的构思和组织能力，以及对偏好的事物或美好事物的判断能力。前者是设计和研究的能力，后者则是包含设计在内的各个利益相关者之间的协商和决策过程。因为他们要“志存高远”(think bigger)，[4] 因为他们要重新定义自己的角色，并将活动转向更具规范性的社会主旨，这种局面就变得更加严峻了。《京都设计宣言》(Kyoto Design Declaration，2008)[5] 就是一篇呼吁拯救世界的高谈阔论。有什么理由能为如此幼稚傲慢的行为正名呢？

我们不能在承认这个世界上发生的严重灾害的同时，却站得远远的，以旁观者的角度来“批判”这个世界，任其保持着令人费解的复杂性。设计想用干预性策略得到预期的结果，但它本身无法界定这些目标。设计可以是批判性的，只因为它没有偏见，它能提出、解释不同的备选方案，供利益相关者讨论。设计也没有特权来判定解决方案在道德上是好或坏。设计师是有道德标准的人，但他们应该把个人喜好和他们从事或
149 服务的探究工作偏好清楚地区分开来。道德是因人而异、因情况而异的。把幼稚的道德主张作为设计的组成部分，是不成熟的表现，也不利于其他学科对设计的认可。

伦理，作为道德的体现，是必要的，但应将其融入过程和方法中。只有摒弃了严格的人道主义概念，我们才能服务于活生生的个人和群体。人道主义的态度忽视甚至破坏了复杂性。设计团队、设计公司和设计师肯定要对自己正在做的事情负责。只有当我们不退避到固定的道德立场时，才有可能承担责任。责任意味着有义务了解相关情况的已知事实，有意愿促进民主过程和“设计师式”过程的透明度。

目的导向（目的论）应该取代规范性。阿图罗·罗森布吕特(Arturo Rosenblueth)等人将目的论重新引入科学。[6] 他们认为将道德的、批判的和人道主义的态度转变成反讽可能会更好。[7] 设计要想为人们提供更多的选择，想象力、激发、干预等方式和手段就至关重要。设计师更应该把自己想象成侦察员，有时甚至可能是小丑，最理想的情况是不同学科和利

益相关者网络中受人尊敬的伙伴。创造出新的可能，带来新的变化，这是他们特有的专长。

跨学科性 (Transdisciplinarity)，[8] 作为认识论和方法论的范式，可以视为对这一伦理立场的操作化表现。设计搭建了跨学科的界面，使跨越学科边界成为可能。设计的任务不仅是要确保一个解决方案的道德正确性，还需促进系统性目标的形成。伦理在其中仍旧是隐秘的，因此也更有力。

案例研究：长者关爱项目
Case Study: “Alte Liebe”

融入社会，尤其对老年人而言，是一个重要议题。既然有很大一部分人不能一直依靠家庭养老，那么，在街区或社区中建立家庭之外的关系和网络体系就很有必要，这样不仅能帮助老年人降低痛苦，减轻孤独感，也能鼓励代际间的社会团结。家庭团结不足以促成社区团结。在这一背景下，“长者关爱” 项目应运而生。这个项目旨在促进代际间的沟通、理解和社交，减轻老年人的疏离感和孤独感，提升他们的生活质量。该项目强调个人的责任感和活力，有助于后家族 (post-familial) 关系结构的发展。

这个案例研究记录了一家由两名产品设计师创办的社会企业的发展。他们还创建了一家设计咨询公司。该公司的业务之一就是为公共和私人住房公司开发租户忠诚度的概念。它第一个非营利的社会设计项目就是 “长者关爱”，该项目拉近了德国卡塞尔市的老年人和年轻人之间的距离。项目是让养老院中赋闲的老妇人发挥钩针编织的技能，为年轻的目标群体制作时尚的帽子。此外，这一项目还让老妇人有机会与年轻顾客产生对话，每个买家都可以寄回附有个人信息的明信
150 片。下文将介绍“长者关爱”项目的发展过程以及这一营利性社会商业模式的设计。

这个项目花了一年的时间才形成了可行的创业模式。“长者关爱”最初是一个学生项目的一部分，历时四个月的开发和测试。所有相关方都积极回应，且事关公共利益，项目发起者也认真探究了新设计方案，这也是这一想法得以发展的决定性因素。

卡塞尔大学提出的这个理念吸引了这一地区的创业者。在卡塞尔创业者协会成员帮助下，“长者关爱”项目找到了新的融资渠道。通过与管理咨询、老年学、住房行业和社会福利方面的专家访谈，参与者更好地了解了创业和市场，也确认了这一社会需求。获得了这些知识后，他们制订了鲁比与斯特尔特纳 (Ruby & Steltner GbR, R&S GbR) 商业模式，并用详细的商业计划对其进行了升级迭代（图 11.1）。

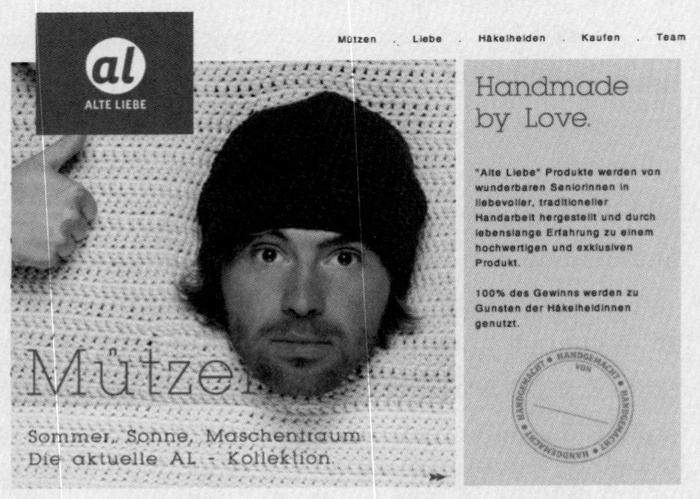

图 11.1 “长者关爱” 项目 © 娜迪亚·鲁比，埃莉萨·施特尔特纳（长者关爱）

项目缘起

“长者关爱”项目的目标群体主要包括房屋托管方、养老院、市政部
151 门和房地产公司。这个项目鼓励并教授老年人编织帽子。由“长者关爱”项目提供原材料和教学说明。特许合作商在帽子成品上贴上“al”[1]的标签，并将其包装，以每顶 39.99 欧元的价格售卖。除了原材料成本（羊毛、包装等）和项目支持成本（律师、专利、网站、人事、销售、广告、组织等），销售收入还用于参与者的福利活动和短途旅行等。参与者共同决定如何支配利润（例如听音乐会，去剧院看戏，建造一处花园）。此外，在特定文化活动或社会活动期间，参与者也承担销售工作。通过与买家的直接接触，老人们获得了别人对他们的能力和个性的欣赏与赞扬。

组成这个项目的三个基本群体是参与者、客户和分销商。这三组利益相关方相互影响，从项目和产品中获得不同的利益。参与者制作产品，使得老年人得到了一份有意义的工作，感受到自己是被需要的，也感受到个人的尊严和情感。因此，他们强烈认同自己的产品，有着个人的动机。参与者有了责任感，受到鼓舞发挥出个人主动性。老人们先设定目标，再庆祝成功。购买者获得了一个特殊的手工制品，用购买产品的方式表达自己对这个项目的认同。社会资产就这样创造出来了。分销商提供必要的销售平台。他们用这个友好而高质量的本地产品，扩展了业务范围。项目在媒体上的宣传也给了经销商额外的广告机会。

这么看来，“长者关爱”项目并没有为发起者带来收入。但这一项目的设计是可以根据特定的区域和经济条件进行调整的，从而有利于客户和生产者忠诚度的提升。该项目的组成元素灵活，可以移植到其他城市和地区，因此该项目有进一步拓展的可能性。通过这种形式，该项目产生的社会效益也就更好，利润也会更高。

[1]　“al”为“Alte Liebe”的首字母缩写。——译注

升级的商业构想

在项目实施的头几个月里，R&S GbR 详细分析和研究了各种因素。其目标是创造协同效应，识别条件、动态系统和关系，全面了解相关问题。该如何解释这一社会需求？原因有哪些？如何定义和理解房地产
152 业的市场？这个行业的趋势和未来预测是什么？这个细分市场有哪些策略和进入机会？了解这些信息后，他们提出了项目愿景，进而制订了商业计划，开始创业。

R&S GbR 阐明了商业目标，就是提升跨代租户的忠诚度，为房地产公司的城市区域管理提供定制服务。这项服务包括为老年人设计有意义的休闲项目、实施和支持这些项目，以及构建和传达客户社会参与的形象。目标客户主要在住房行业。住房供应商按年龄段逐步为所有年龄段的人们提供全面的服务，特别是帮助老年人在自己的公寓里尽可能生活得更长久。今天，90% 的老年人和三分之二需要照顾的人都居家养老。但是，老年人从熟悉的家庭环境离开，体验各种各样的老年生活，这种趋势也在继续。[9] 住房行业将更多地受租客需求的影响。因此，房地产业必须积极地面对、逐步解决诸如“租户服务”和“长寿生活”、企业社会责任（CSR）等问题。

R&S GbR 的基础是社会设计，这是一种整合的设计方法，目的是把创业和社会责任联系起来。社会设计的重点是识别社会问题，提出面向未来的解决方案，包括企业价值。这意味着一定年龄层的租户需求与房东的经济利益相关。把这些社会企业（租户忠诚度项目）策略性地融入目标客户的经济结构，对于 R&S GbR 来说是至关重要的。通过这种方式，以创造社会和经济价值为目标，触发可控的变革。

这项任务并不容易。难点在于：企业如何既用共情的方式满足客户的需求，又合理盈利？这要求社会中的个体成员，以及其需求和经济现实之间创建联系，使公司整体或部分获利。设计是理解客户需求的关键，一直以来不都是这样吗？很多人以前就思考过这些问题。

社会转型设计？
Social Transformation Design?

有关社会的设计有什么新鲜内容？在司马贺所著的《人工科学》一
153 书的第六章“社会规划：对演进中的人造物的设计”中，[10] 对社会转型设计及其特点和局限性的讨论最为清晰。关键问题包括确定设计情境的边界和设计师在其中的定位，目标是什么，策划者必须决定客户是谁，包括什么，排除什么，以及如何避免不必要的副作用。有人可能会说，把整个社会确定为客户，就应该可以解决所有这些模棱两可的问题。C. 威斯特 · 彻奇曼 (C. West Churchman) 引入了“全系统的伦理”这一概念。[11] 全系统的伦理的前提是世界没有利益冲突，专业判断明确，将个人的判断排除在外。因此，根据司马贺的理论，这些社会机构必须与职业设计师一起来重新定义设计的目标。司马贺关注的是机构、利益相关方和决策者，而不是“最终用户”。他并没有把用户视为合理的参与者，他认为他们自私、狡猾、惹人生气，不能认同共同利益。他认为用户是“那些试图利用系统达成自己目标的设计师”。[12]

今天，有一种观念认为，(社会) 转型设计由英国设计委员会 (British Design Council) 于 2004 年“发明”：“转型设计是一个以人为中心的、跨学科的过程，试图在个人、系统和组织的行为和形式方面创造令人满意且可持续的变革，常以实现社会进步为最终目标”。

司马贺认为，设计意味着“把现状变得更好”。[13] 这一平淡无奇的概念，目前有没有进展或更清晰的解读？设计委员会给出的定义中有一个关键点，恰巧也是“以实现社会进步为目标”。西蒙 · 布莱斯 (Simon Blyth) 和金贝尔聚焦设计思维，批评这种方法过于强调以用户为中心的思维范式，即处理社会问题单个的症状，而不去研究它的成因。[14] 他们呼吁，设计思维要严肃对待社会问题中的“社会性”，并开发相应的工具。他们认为，设计师与其声称要去解决社会问题，不如积极地、批判地理解与表达社会问题，并不断进行反思。[15] 为此，设计师必须仔细考虑自己在这个过程中的角色、价值和立场，必须在过程中引入双循环 (double-loop) 学习和反思式对话，应该积极介入行动，而不只是当个外部咨询顾问。詹姆斯·菲尔斯 (James A. Phills, Jr.) 等人使用“社会创新”一词：

> 社会问题的全新解决方案，比现有方案效果更好、效率更高、
> 154 更可持续，也更公正，而这个方案创造的价值主要来自社会
> 整体而不是个人。[16]

此处又出现了“社会整体”这个概念。总之，他们提出了“什么是社会性”的问题，给出的却是一个含糊且用语重复的回答：

> ……我们将社会价值定义为通过努力解决社会需求和问题的方法为社会创造福利或降低成本，也就是说，以超出私人利益和市场活动的一般利益的方式。[17]

最后，他们提出了新的一体化跨领域模式，其中包括非营利机构、政府和企业伙伴，这种模式将促进思想和价值观的交流，促成角色和关系的有效转变。[18] 这会推动所谓“第四领域”的出现。[1]

当前关于社会设计的争论中，几乎没有人去关注设计和规划方面丰富的社会变革的思想史，这是令人惊讶的。沃纳·乌尔里希 (Werner Ulrich) 的批判性系统思考 (Critical Systems Thinking, CST) 尤其值得注意，[19] 这是彻奇曼哲学方法的一种操作模式，看起来是一个全面而前景广阔的社会设计框架。CST 反思和界定系统边界及其驱动因素，以及合法性和权力的问题。它清晰地整合了“社会性”一词的规范性和描述性。乌尔里希主要参考了彻奇曼的理论，也受到了其他理论的影响，比如，里特尔的以基于问题的信息系统 (Issue-Based Information Systems) 为对话工具，[20] 司马贺的人工科学的概念以及在演化过程中人造物设计的反思，[21] 弗里

[1] http://www.fourthsector.net/

德里克·韦斯特 (Frederic Vester) 的系统性建模、复杂的因果关系问题和敏感性建模的对话方法。[22] "四位主人公"的关系图展示了他们看似有争议的立场和态度。他们之间不是谁比谁"先进",只是给设计思考提供了更丰富的选择。这张图或许可以用作地图和导航,让我们用来反思自己的立场。

图 11.2 提供了伦理和认识论不同立场,作为理论依据的参考。该图对比了四位系统思想家:彻奇曼 (1913—2004),深思熟虑的忧郁思想家;司马贺 (1916—2001),沉着的实证主义者;韦斯特 (1925—2003),友善的布道者;里特尔 (1930—1990),苏格拉底式的讽刺家。我们需要把所有这些观点整合到社会设计中。

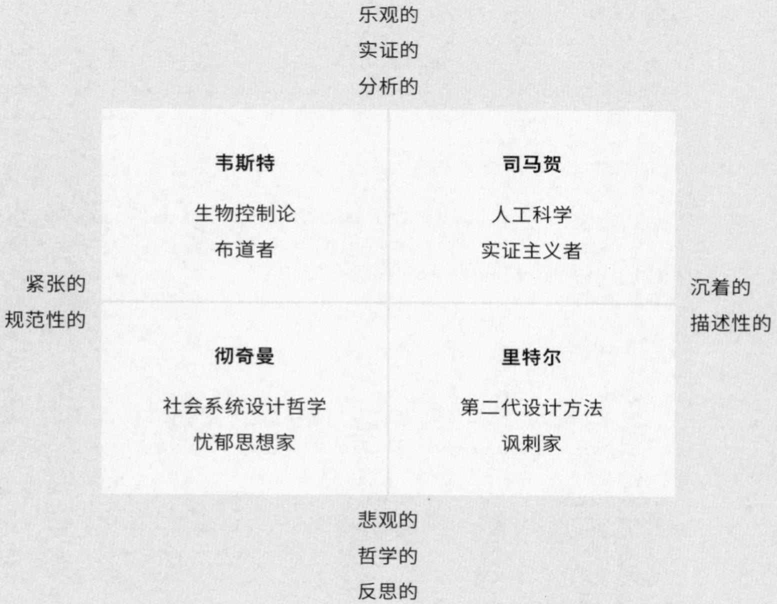

乐观的
实证的
分析的

紧张的 规范性的			沉着的 描述性的
	韦斯特 生物控制论 布道者	**司马贺** 人工科学 实证主义者	
	彻奇曼 社会系统设计哲学 忧郁思想家	**里特尔** 第二代设计方法 讽刺家	

悲观的
哲学的
反思的

图 11.2 "四位主人公"的关系图:处理社会转型设计的不同模式和态度

引 注

1 Niklas Luhmann, *Soziale Systeme* (Frankfurt am Main: Suhrkamp, 1987).

2 Bruno Latour, *Wir sind nie modern gewesen: Versuch einer symmetrischen Anthropologie* (Frankfurt am Main: Fischer, original published in French 1991, 1998).

3 Herbert A. Simon, *The Sciences of the Artificial*, 3rd ed. (Cambridge, MA: MIT Press, 1996).

4 Tim Brown, *Change by Design: How Design Thinking Transforms Organizations and Inspires Innovation* (New York: Harper Business, 2009).

5 Yrjo Sotamaa, "Kyoto Design Declaration", Cumulus 2008, Tokyo, Japan (March 28, 2008); Yrjo Sotamaa, "The Kyoto Design Declaration: Building a Sustainable Future," *Design Issues* 25, no. 4 (2009):51–53, DOI: https://doi.org/10.1162/desi.2009.25.4.51.

6 Arturo Rosenblueth, Norbert Wiener, and Julian Bigelow, "Behavior, Purpose and Teleology," *Philosophy of Science* 10, no. 1 (1943): 18–24.

7 Richard Rorty, *Contingency, Irony, and Solidarity* (Cambridge, MA: Cambridge University Press, 1989).

8 Basarab Nicolescu, *Transdisciplinarity: Theory and Practice* (New York: Hampton Press, 2008); Valerie A. Brown, John Alfred Harris, and Jacqueline Y. Russell, *Tackling Wicked Problems through the Transdisciplinary Imagination* (London: Earthscan, 2010).

9 Thomas Haustein and Johanna Mischke, *Ältere Menschen in Deutschland und der EU* (Wiesbaden: Statistisches Bundesamt, 2011)

10 Simon, *The Sciences of the Artificial.*

11 Charles West Churchman, *Challenge to Reason* (New York: McGraw Hill, 1968); C. West Churchman, "The Artificiality of Science—Book Review of Herbert A. Simon, *The Sciences of the Artificial*," *Contemporary Psychology* 15, no. 6 (1970): 385–86.

12 Simon, *The Sciences of the Artificial*, 153.

13 Simon, *The Sciences of the Artificial.*

14 Simon Blyth, Lucy Kimbell, and Taylor Haig, "Design Thinking and the Big Society: From Solving Personal Troubles to Designing Social Problems: An Essay Exploring What Design Can Offer Those Working on Social Problems and How It Needs to Change". http://www.taylorhaig.co.uk/assets/taylorhaig_designthinkingandthebigsociety.pdf

15 Brown, *Change by Design.*

16 James A. Phills, Kriss Deiglmeier, and Dale T. Miller, "Rediscovering Social Innovation," *Stanford Social Innovation Review*, Fall (2008): 39.

17 Ibid.

18 Ibid., 40.

19 Werner Ulrich, "Zur Metaphysik der Planung. Eine Debatte zwischen Herbert A. Simon und C. West Churchman," *Die Unternehmung* 33, no. 3 (1979): 201–11; Werner Ulrich, "Critical Heuristics of Social Systems Design," in *Critical Systems Thinking: Directed Readings*, ed., R. L. Flood and M. C. Jackson (Chichester: John Wiley, 1987, reprinted in 1991), 276–83.

20 Horst W.J. Rittel and Werner Kunz, *Issues as Elements of Information Systems* (Working Paper no. 131. Center for Planning and Development Research, University of California, Berkeley CA, July, 1970).

21 Simon, *The Sciences of the Artificial.*

22 Frederic Vester, *The Art of Interconnected Thinking* (Munich: MCB Verlag, 2007).

第四部分　教育面临的挑战

商学院内的工作室教学

斯特凡 · 梅西克

159 从历史上看，商学院与艺术设计院校的共同之处，比其与自然科学院校和社会科学院校的共同之处要多。管理被视为一种工艺，组织相当于一项设计任务，领导力则是一种艺术形式。贸易协会曾是商学院的创办者，他们认为自己是这个职业的监护人。他们要培养年轻人进入管理行列，加入他们，不断壮大他们的组织。但在 20 世纪 50 年代，卡内基和福特的报告彻底地改变了这个趋势：为了体现更大的正统性，管理必须成为一门科学，正如自然科学一样。严谨的数据收集和详尽的数据分析曾是决策的基础，使管理学更接近于经济学。这份报告得到了商学院的认同。他们将教学活动和课程"科学化"，培养了大批博士，出版了大量著作，并影响了教职员工的职场标准。

然而，在过去的十年里，越来越多的人发现这一过于注重分析的科学化转变严重脱离了实践，批评它无法帮助学生提高应对工作问题的能力。[1] 为了应对这些批评，商学院开始寻找管理专业的专业根基，而灵感的主要来源就是设计。

一开始，商学院的兴趣可能在于学习制造新产品或改良产品和服务。[2] 随后，他们的兴趣拓展到设计过程和设计原理，就像管理追根溯源一样。[3] 接下来就是设计师和管理者如何在创意活动中合作，理解彼此的做法，并互补各自的能力。[4] 随后，一些商学院成立了设计工作室，进一步着手修改设计教学法以适用于管理学习。

160 这些工作室像实验室，将设计和管理结合起来去解决企业的系统性问题。这也会反过来改变社会对设计的认知和接受度。管理和设计的交汇点或许位于人类组织的领域，而不是在新产品和服务的开发中。从这一点上看，商学院想把设计作为管理新工艺来教学，似乎还有很长的路要走。

本文将回顾迄今为止商学院理解设计和普及设计的过程，思考它们与解决系统性问题的关系，并提出以下问题：在商学院中，设计和科学如何共存？管理教育应该采用什么样的工作室教学法？工作室教学还可利用什么替代性的资源？我想借此文抛砖引玉，讨论商学院中设计的未来及其对管理教育的影响。

商业中的设计
Design in Business

毋庸置疑，斯坦福设计学院、[5] 设计思维学院、凯斯西储大学提出的“像设计那样管理”[6] 这一理念，在面向商学院教师推广设计方面，已经发挥了重要的作用。从一开始，设计思维就是一个备受争议的理念和做法。尽管存在异议，它业已成为全球众多商学院管理学课程体系的一部分。设计思维承诺，如果管理者拥有设计师式的思维，那么他们就可以解决抗解问题，特别是那些创造新产品或改良产品和服务的问题。

对设计思维的支持者来说，这就是设计对管理教育的贡献。他们称赞设计思维的整合内容简明而清晰，设计新手也可以快速学会并应用。支持者指出，异质性群体、头脑风暴和原型设计可以促进技术转移和快
161 速获利。[7] 但是，对质疑者来说，尽管设计思维算是清楚的流程，但仍有待研究的地方。他们批评它的原因和支持者们称赞它的原因恰恰一样的。他们认为设计思维将设计过于简化，而且脱离传统设计专业。[8]

除了流程，质疑者还指出了工作室空间的容纳度问题，而且管理学院要将设计正统化，必须考虑学术内容的相关性。他们注意到有一些公

司，如非营利机构、政府组织等，出于不同目的创建了工作室空间，其中很多都超出了设计思维的范畴。例如，在宝洁的粘土街 (Clay Street) 项目中，设计师和员工处理的是与组织身份有关的问题；在丹麦税务部的新空间 (New Room) 项目中，员工试图在超越法律和行政的领域中实践；在赫尔辛基设计实验室中，来自哈佛的一群建筑师尝试攻克公共政策变化相关的行政利益和习惯中的“黑暗物质”。这些组织正出资建设工作室的空间，帮助管理人员增加理论和行动储备，解决系统性问题。

他们的出发点是，组织是用来解决问题（即生产和分配的问题），但是组织又会制造出新的系统性问题（即权力和政治、工作—生活的平衡、可持续性或惰性问题）。虽然组织可以解决最初的问题，但不能很好地应对他们制造出来的新问题，因此设计流程成为解决这些新问题的出路。

受设计思维的先驱、质疑者，以及那些已建立设计工作室来处理系统性问题的组织的激励，一些商学院开始为管理教育创建专门的设计工作室。罗特曼商学院、尚德商学院 (Sauder Business School) 和哥本哈根商学院 (Copenhagen Business School) 是这方面的代表。罗特曼商学院的设计工坊 (Design Works) 最近从艺术画廊搬到了校园内的一处定制空间，原先其形态有点类似设计咨询公司，而现在更接近学校活动的核心。[9] 尚德商学院将一间教室改造成设计工作室 (D-Studio)，聘请有设计背景的教师来开发 MBA 课程。哥本哈根商学院在一栋新艺术风格别墅中创建了一个工作室空间，开设了设计战略的辅修课，试图激发各个专业的教师都去探索工作室方法。这些学校都尝试了基于工作室方法的不同主题、模式和过程，把设计作为管理学课程体系和跨学科领域研究的一部分。他们的目标是超越设计产品和服务，因为这些并不是管理学科的内容。

会计、战略、市场营销、财务、组织和运营，关系着组织结构、人员配
162 置，以及创新与变革的落实，还要确保从中获利。这些管理的学科门类为讨论创新和变革提供了一套语言，管理者对此都非常熟悉。这便将创新和变革锁定为了组织的目的。这种做法关注的是提供创新的环境，而

不是开发创新的内容，所以商学院把设计思维视为一种课外活动，而许多管理者根本“不能理解这一做法”。[10]

为了处理系统性问题，工作室空间、指导原则和设计专业知识都是开发新的特殊方法所需的。或者说，按设想应该如此。这些过程每次都得不同，因为社会系统是有记忆的，能快速理解干预模式。完全相同的过程不太可能两次有效。上述商学院里的工作室仍在寻找设计和管理在商业和社会服务中合作的正确模式。

如果商学院的设计工作室不想昙花一现，那么就需要在利益相关者中进行有关设计和管理的讨论；讨论的内容应为工作室方法如何助力或桥接科学管理的各个学科，将管理学习带向行动和流程。

设计与科学
Design and Science

设计思维常常与科学形成对照。前者具有强烈的行动导向性，曾一度险些取代暮气沉沉的学术思考。似乎曾有一段时间，有一种新式话语冉冉升起，似乎就要取代旧式的分析、批判性反思和理论构建了。虽然抓住科学这根稻草可能有助于公众宣传，但是对于今天的商学院来说，这种做法却阻碍了另一种颇具吸引力的可能性——设计和科学在处理管理核心的系统性问题时可以互为补充。这也意味着，我们要接受这样的情况：商学院不会发生 180 度的转变，再次成为职业培训中心，它们将通过活动的“科学化”来保持既得的正统性。

哲学可以帮助我们避免用非此即彼的方式思考。德国哲学家恩斯特 · 卡西尔 (Ernst Cassirer) 认为，科学、艺术、神话和技术是知识的象征形式。[11] 每个象征形式本身就是一个世界，在思想和实践中寻求一致性。因此，科学和设计相互并不矛盾，而是运行在完全不同的平面上的运动。它们各自都有特定的质性标准，无法互相比较。对于像管理这样的学科而言，这意味着没有必要去支持一种或者另一种象征形式：科学或设计。将卡西尔的理论换一种说法就是，实践者更善于使用并行视角；也就是

163 说，对于任何特定问题，[12] 实践者都能够发现并应用多个象征形式。而工作室这一场所，与演讲厅或实验室相对比，更能包容在认识论方法上的多元性，并使之繁荣发展。

用象征的观点来看待知识、管理和实践，对设计来说应该很容易，而且这似乎是设计最有希望可以助力商学院教育的平台。这也将相关的讨论从对事物和环境转向了对社会制度、组织过程、公司表现和可持续的商业的关注。人类活动的"社会雕塑"中的种种概念划分，很难通过事实准确性来界定，但在象征层面上却是向趣味性和想象力开放的，[13] 而这正是设计可以实现的。

商学院花了 60 年时间研究了他们所能涉及的关于商业关系、管理实践、组织实体、工作流程、治理等的全部知识。他们几乎关注了组织生活的方方面面，认识论和本体论上的争论除外，因为这些知识无法用于商学院的工作室教学，无法让学生和外部合作伙伴获益。用一种有意义的方式，整合学术内容和设计过程，对每个商学院工作室来说都是挑战。

设计和管理的结果
Consequences for Design and Management

以卡西尔的并行视角来看，我们可以开始预测未来设计工作室在商学院中的角色，以及它们会如何改变管理教育。我们首先认识到，企业远远不只是为了盈利而购买和销售产品。企业需要社会的认可，需要一个法律框架，它按照既定的或形成中的组织规则运作。有关伦理和可持续性的问题要被纳入讨论中，在商学院课程和教学的改革呼声中，这些问题也要得到考量。此外，组织是什么，组织做什么，这些理念也发生着变化。它们似乎正从我们的视野中消失，逐渐融入习惯、实践、制度和类似的概念中。管理者觉得很难使用这些概念，而工作室很可能正是一种调节方法。

不幸的是，目前商学院对工作室的兴趣似乎印证了对组织的现实主义看法。例如，构建商业模式的工作室课程很少讨论组织中的权力、政

治、文化和身份。但是设计究其定义恰恰是在功能和象征层面之间发挥作
164 用，这就很奇怪。“De signare”[1]指为某事物赋予意义的行为。管理学者们几十年来孜孜以求，要建立企业经营和管理这种社会活动的理论。多年来，已经形成了关于组织和组织过程的各种观点，并且在处理系统性问题时，商学院设计工作室的教育框架将必须考虑实证主义、阐释主义和批判主义的观点。

将设计过程视为管理过程，而将管理过程视为处理组织的过程，意味着抛弃了以下观念：认为设计师可以不受约束地工作，设计师是从外部来处理组织问题的。设计师或管理者是组织的一部分（也是问题的一部分），他们工作的社会环境动态支持和约束决策和行动。他们无法从外部旁观或高居其上，在设计实践中，他们要从这一环境内部采取行动。就像不可能从外部建立组织文化和建构组织身份，我们无法从这一环境的外部进行设计。如将设计工作室看作一个封闭的空间，期望我们能够清楚地识别和区分问题，这样的做法无济于事。正如建筑师们不得不打开工作室大门来处理行政利益和习惯的“暗物质”，商学院也得对设计工作室持开放态度。工作室可以把真实的组织带入空间中，使这个社会舞台上存在权力差异、政治游戏、（前）叙事性、文化敏感性、组织身份、矛盾和模棱两可。

以这种方式，商学院的教育便可从专门的设计工作室空间中获益。配合使用工作室教学方法，商学院才能推动围绕商业问题和技术的基于问题的体验式学习。教师和学生根据一定流程开展工作，比如构建商业模式，用剧本创作方法理解组织行为、组织和策略的视觉和触觉设计，以及创造性地探索创新和变革。大部分工作室教学都围绕着真实的企业案例，公司的利益相关者在工作室与学生互动。

工作室是一个资源丰富又多样化发展的空间，年轻人和经验丰富的管理者都能在这里了解管理在当代的含义。虽然这是一条更险峻的发展路径，同时还担负着管理科学，我还是认为这条路将引领我们走向更好的风景。

[1] “Design”一词的拉丁文。——译注

其他资源
Further Resources

工作室并非设计特有。许多艺术和手工艺也在工作室中训练学徒，或者试验新技术和新流程。历史上，美术、装饰艺术和手工艺三者很难
165 严格区分，它们都从属于艺术。19 世纪时，它们发展为不同分支，之后一直就各自所辖的领域争论不休。设计出现得相对较晚。商学院的工作室在建立教育框架时，如果坚持这些分歧，认为只有当今的设计实践才有助于管理的工作室教学法，这似乎也行不通。

各种艺术早已为组织提供了它们的工作室流程，以便重新设计企业经营的方法。戏剧、音乐、舞蹈、视觉艺术和概念艺术，都可以作为组织干预的场所。我们可以运用这些方法寻求组织变革，或者按现在的说法：把这些艺术的工作室思维模式带入工作场所。[14]

设计可以从艺术中学习如何思考并尝试影响社会系统。当设计试图超越历史局限，开始处理系统性问题时，这一点很有必要。但重要的是，无论设计的作用体现在何处，学习都要着眼于设计的功能性要求。这将是所有商学院设计工作室的出发点。

结语
Conclusion

如果读者们能认同的话，本文算是起了个头，旨在给商学院工作室一些成长的自由。和其他质疑者一样，我主张超越设计思维。设计思维在商学院的工作室应有一席之地，但不应该是唯一的。我们需要用各种新的方法来处理系统性问题，在商学院的教学中，这些问题就是管理的问题。

如今，我们对设计的理解以及设计在社会中发挥作用的方式正在迅速改变。有了战略设计、体验设计或商业模式设计，设计进入了新的领域，由此也就出现了新的需求。这就将设计带入了商学院。大约几十年前，管理学院才想到要将管理带入设计中，称之为设计管理。现在，虽

然看似没那么出乎意料，但现实确实是反过来了：设计被用到了管理中。而工作室将在这方面发挥了关键作用。

引 注

1 Anne Colby et al., *Rethinking Undergraduate Business Education: Liberal Learning for the Profession* (San Francisco, CA: Jossey-Bass, 2011).

2 T. Kelley and J. Littman, *The Art of Innovation: Lessons in Creativity from IDEO, America's Leading Design Firm* (New York: Crown Business, 2001); Tim Brown, "Design Thinking," *Harvard Business Review* 86, no. 6 (2008): 84–92.

3 Saras D. Sarasvathy, "Causation and Effectuation: Toward a Theoretical Shift from Economic Inevitability to Entrepreneurial Contingency," *Academy of Management Review* 26, no. 2 (2001): 243–63; Richard Boland and F. Collopy, eds., *Managing as Designing* (Stanford, CA: Stanford Business Books, 2004); Jeanne Liedtka and Henry Mintzberg, "Time for Design," *Design Management Review* 17, no. 2 (2006): 10–18; Y. Youngjin Jr., R. J. Boland, and K. Lyytinen, "From Organization Design to Organization Designing," *Organization Science* 17, no. 2 (2006): 215–29.

4 Robert Austin and Richard Nolan, "Bridging the Gap Between Stewards and Creators," *MIT Sloan Management Review* 48, no. 2 (2007): 29–36; R. Verganti, *Design-Driven Innovation: Changing the Rules of Competition by Radically Innovating What Things Mean* (Cambridge, MA: Harvard Business Press, 2009).

5 Scott Doorley and Scott Witthoft, *Make Space: How to Set the Stage for Creative Collaboration* (New York: John Wiley, 2012).

6 Boland and Collopy, ed., *Managing as Designing*; Richard Buchanan, "Wicked Problems in Design Thinking," *Design Issues* 8, no. 2 (1992): 5–21.

7 Brown, "Design Thinking."

8 Verganti, *Design-Driven Innovation*.

9 Roger L. Martin, *The Design of Business: Why Design Thinking is the Next Competitive Advantage* (Cambridge, MA: Harvard Business School Press, 2009).

10 Bruce Nussbaum, "Design Thinking is a Failed Experiment: So What's Next?" Co-Design, 2011. http://www.fastcodesign.com/1663558/design- thinking-is- a-failed- experiment-so- whatsnext.

11 Ernst Cassirer, *An Essay on Man: An Introduction to a Philosophy of Human Culture* (New Haven, CT: Yale University Press, 1944).

12 Eirik J. Irgens, "Art, Science and the Challenge of Management Education," *Scandinavian Journal of Management* 30 (2014): 86–94.

13 Stefan Meisiek and Mary Jo Hatch, "This Is Work, This Is Play," in *Handbook of New and Emerging Approaches to Management and Organization*, ed. D. Barry and H. Hansen (London: Sage, 2008).

14 Daved Barry and Stefan Meisiek, "Seeing More and Seeing Differently: Sensemaking, Mindfulness and the Workarts," *Organization Studies* 31, no. 11 (2010): 1505–30.

面向企业的教育设计

蒂尔·特里格斯

167 不管是作为学生还是教师，我参与平面设计教育已经好多年了。这些年里，我见证了设计课程开发与教学方法的变化。在过去的十年里，英国大学生学习的内容和方式发生了明显的范式转变。这是由经济必要性驱动的，既是响应政府的要求，也是应对行业的特殊需求。2006 年，受政府委托研究的《利奇技能评估报告》(*The Leitch Review of Skills*) 得出如下结论："技能是我们能控制的最重要的杠杆，可以创造财富并减少社会贫困"；这里的"技能"指的是"从事特定职业或活动的能力和专长"。[1]

以前，教育在于知识本身，副产品是为英国创意产业提供劳动力，这一产业被视为英国经济增长主要推动力。近来，政府把 STEM 教育[1] 作为其战略经济计划的重点。随着社会、政治和经济日新月异的变化，教育工作者要如何直面这些新的挑战，特别是由政府政策变动、资金削减、学费增加和裁员引发的挑战？

一种回答源自平面设计的可塑性。平面设计这门学科或许仍是我们工作的核心，但多年来，它已经成为新学科混合体的一部分，设计越来越受到其他学科影响，并与其他学科合作，于是有了诸如服务设计、设计管理、设计写作和社会商业设计等新学科。因此，值得注意的是，在最近几
168 年，主要的商科教育项目已经引入了设计思维，例如美国的凯斯西储大学。然而，一些人认为平面设计正面临丧失其核心原则和实践的危险。

[1] STEM，即由科学 (science)、技术 (technology)、工程 (engineering) 和数学 (mathematics) 四个单词首字母组成的缩写。——译注

我们所忽视的是否正是吸引其他学科的知识基础？英国设计评论家里克·鲍伊诺 (Rick Poynor) 在《印刷》(*Print*) 杂志上写道："许多平面设计师显然对视觉形式不感兴趣，为此我感到担忧……设计倘若不考虑'平面图形'的话，就像割掉鼻子的脸，有完全丧失自己特征的风险。"[2] 但"特征"真有那么重要吗，又或是关乎我们对这个学科的命名吗？我们难道不应探寻设计师能用的最佳方法——既具灵活性、响应性，又具主动性，有助于改变社会、政治和经济状况、生产 / 技术过程以及最终用户需求？我们如何确保在学科交叉中有效利用平面设计实践既有的技能和知识（例如工艺、设计思维、使复杂的信息易于理解、行为和人因、可视化和传达）？对下一代商业创新者和设计企业家来说，平面设计工具箱应该包括什么？

我们必须明确教育项目的核心内容，以此说明课程的独特性，这一必要性与日俱增。同时，我们也面临着大学管理方面的压力，开设课程要考虑成本上的可行性。通常，为了实现这一点，我们会设立更高的目标，并要求国际群体（如外国留学生）付费。为了吸引更多的申请者，其他方法还包括改变课程内容来拓宽受众面。我们还必须考虑行业需求和学生毕业后的就业需求。新的设计课程体系也要求教职员工理解这些探究的新形式，即便他们没有参与其中。因此，平面设计"本质主义"的定义也在不断受到审视。

知识交换
Knowledge Exchange

英国历史上，人们对"知识迁移"这一术语的定义几乎从未达成过共识，而现在人们多称之为"知识交换"。[3] 英国研究理事会 (Research Councils UK) 曾尝试着概括出了一种定义，其中既包括"交换"，即"研究环境和更广阔的经济背景下人和思想的双向流动"，又包括学术、公共和私营部门
169 之间的"迁移"，"涵盖了系统和流程"。[4] 在本文中，"知识交换"仅指"学术与非学术群体间有形资产、知识产权、专业知识、学习和技能的迁移"[5]

过程中一种互惠互利的合作。近年来，人们开始以这一概念为中心，重新定义平面设计研究。

2011 年，英国艺术和人文研究委员会(AHRC)发布了委托研究报告，结果证实了“艺术、人文等学术领域和其他社会领域之间是高度相通的”。[6] 该报告指出，英国学者参与企业的知识交换，反过来也证实了这样的伙伴关系的“影响”如何不仅体现在经济效益上，也体现在对知识的求索上。[7] 该报告还总结出，“改善各领域之间的连通性可以支持学术追求，并实现更大的社会经济目标”。[8] 尽管这一研究不涉及知识交换如何影响课程，影响艺术、设计和商业之间合作关系，仍然有助于我们更全面地探讨这一教学情境。下面的案例研究介绍了英国一所艺术学院的教学模式：通过与国际企业合作，该校的平面设计硕士研究生很好地参与了知识交换。

商业设计：现代汽车公司和皇家艺术学院
Designing for Business: The Hyundai Motor Company and the Royal College of Art

设计怎样才能发挥更广泛的作用？这一讨论势必会引发一系列的问题。尽管如此，我们还是有必要探索一种校企合作的模式，将满足社会需求作为平面设计的首要关注点。下文介绍了建立知识交换伙伴关系所面临的挑战和已取得的成功经验。这构成了以创新思维为目标的一部分研究生课程；这样的合作课程也激发了“变革”。在这个案例中，变革不仅发生在重新思考品牌价值上，还发生在学术语境：我们的学习体验。在为期九个月[1]的项目中，英国皇家艺术学院传达学院的师生们作为平等的参与者进入现代汽车公司(Hyundai Motor Company)。这个过程标志着一种新的教学方法：老师们学习了如何促成和管理企业的伙伴关
170 系，就像学生经常要面对有难度的沟通一样。基于更广阔的社会和环境背景，这一课程重点关注汽车和消费文化、企业和品牌推广。

[1] 从 2013 年 10 月到 2014 年 6 月。

2012 年，现代汽车公司的青年市场 (Youth Market) 总监姜锡勋 (Seokhoon Kang) 找到了皇家艺术学院的传达学院，想以创新的方式改善公司的品牌形象，特别是与新兴的欧洲青年市场的关系。该公司最近推出了全球品牌宣传口号：“尽享绚烂人生”(Live Brilliant)，[9] 正试图“收集世界一流设计 / 艺术学院学生新鲜有趣的想法”来强化这一口号。[10] 现代汽车希望超越传统的品牌推广方式，同时也认为与学生一起努力推进企业实践，服务社会、政治和文化十分重要。这种方式保持了现代公司“文化赞助”的传统，[11] 正如最近在英国所见证的那样，现代公司与英国顶级艺术馆——泰特现代美术馆建立了为期 11 年的企业合作关系。[12]

在“尽享绚烂人生”这一概念的背后，现代汽车旨在表达如何“在客户的日常生活中体现和传递”其“现代精品”的价值。[13] 为了向英国这个重要市场传递同样的信息，公司投放了一系列电视广告，用“难忘的情感”的主题，包括“亲情与友情”“自我与爱”等，传递出现代汽车是“世界上最受人喜爱的汽车制造商”这一信息。这一口号基于“体验”，反映在风格化现实感中，每个驾驶现代汽车的人都能实现各自的抱负。在随附的新闻通稿中，现代汽车指出，今天人们购买汽车“不仅用作交通工具，还能作为‘生活空间’”。“生活空间”这个概念为案例中的教学项目提供了一个平台，使学生不再拘泥于“品牌推广”的课题，可以发现、探讨交通、设计和未来城市领域内重要而紧迫的问题。正如姜锡勋后来评价道：“学生提出了一个让我意想不到的建议：将项目的重点转到更广义的汽车理念，而不仅仅是编一些新的营销段子。”[14]

在这个教学项目中，现代汽车公司首先整体介绍了企业的历史和计划，明确企业目标是成为“消费者最喜爱的汽车品牌”，[15] 重点突出了
171 “现代精品车”，强调了“以现代独特的方式，提供超越客户期望的新体验和新价值”这一公司战略。[16] 为了让师生们探索未来汽车的新思维，考虑如何打开欧洲青年市场，这个项目强调“天马行空”的想法，不受媒介、方法和预设成果等任何形式的约束。

现代汽车成立于 1967 年，相较其他汽车公司，是一个相对年轻的企业。1976 年，公司推出了“现代小马”(Pony)，这是韩国第一个轿车车型。由于缺少自己的历史积淀，现代公司不得不用其他方式向消费者宣传其品牌价值。其中之一就是强调现代的“全球环境管理”来表达公司始终关注环境问题。这促成了现代汽车在 2003 年研发出第一个用于燃料电池电动汽车的超高压储氢系统，并在十年后推出了燃料电池电动车 ix35，这是减少温室气体排放的解决方案之一。[17]

一个伦理问题随即出现。尽管现代公司采取了不少的环保举措，但仍有一些学生质疑是否应该参与这个项目，他们认为这与他们的信仰和价值观是相左的。为此，他们组织了一系列的研讨会进行辩论。一名学生表示，与她同时代的人，也就是被称作“Y 世代”的人，开车的机会远远少于前几代人，因此，她觉得向他们这代人推销汽车是“前路坎坷”的。[18] 在项目进程中这一点被反复提及，引发学生反思，未来城市交通中“共享”将占有一席之地：共享汽车、电动汽车、大众交通、自行车和人行区域的等概念将会被广泛普及。可持续传播的专业机构福特拉 (Futerra) 的联合创始人、本项目的客座讲师艾德·吉莱斯皮 (Ed Gillespie) 认为，该项目提出的问题是错的。他指出，“如果反过来想，我们来思考如何为所有人创造干净、高效、安全和可持续的城市交通方式，那么答案就会完全不同。而且几乎可以肯定，答案不会是汽车。”[19]

然而，博士生宝芬妮·谢泼德 (Bethany Shepherd) 和赛里斯·威尔逊 (Cerys Wilson) 建议用不同视角看待汽车。他们提出了“一种新的教育模式”：建立一所现代驾驶学校 (Hyundai Driving School)，从而“将城市文化和设计批评界中最聪明的人才聚集在一起，研究、制订并实施战略，为城市争取更光明的未来”。这所学校将是一个交通研究常规项目的一部分，而该项目也会批判性地检验那些“经济生存已经（或继续）依赖于单一
172 商业或制造业的城市”。[20] 因此，为了找到解决方案应对城市经济衰退影响下的挑战，建立知识交流网络可以促进创新设计思维。

该项目的国际影响也十分关键，特别是项目本身就连接着不同地

理位置：伦敦和韩国。“连接”激发了一个学生的想象力，她从韩国文化交流的角度探索了旅行的概念——从一个目的地到另一个目的地：从A到B。对金素熙(Suhee Kim)而言，汽车成为了自由的象征，同时也是运动的隐喻——是从物质到精神空间的提升。

该项目分为三个阶段：讨论、决策和设计。在最后“设计”阶段，平面设计发挥了突出的作用，为研究成果赋予了形式。毫无疑问，整体项目展示了一组复杂的关系——行业与艺术院校，品牌推广与反品牌推广，本土与全球，工艺与制造，合乎伦理与违反道德准则。这些关系的细节不在本文的讨论范围内，但读者可以从《彼马已死，此马长存》(*The Horse is Dead, Long Live the Horse*, 2014) 一书中了解整个过程。这本书借用了特洛伊神话中的马，点出了现代汽车公司的第一辆车——现代小马。该书策划、精选了 22 篇图文并茂的文章，讨论了有关汽车和交通的不同议题和观点。为了完成“研究环境与更大经济体之间人与思想的双向流动”，该书还以现代汽车公司为案例介绍了如何用不同的方式思考“新的可能性”。

从一开始大家就很清楚，这不是一个学生完成客户设计任务的传统项目；相反，它展示出在两个看似无关联的组织之间充分参与协作学习过程的机会。艺术院校历来被视为一个自由空间，强调个性、实验性和别出心裁。不同的是，在人们眼里，商业企业一般是严谨，有具体的规则和经济指标。该项目的空间交集使两个组织都能够采用一种全新的方法，把外部经验应用于各自的组织，为彼此带来新的观点和批判性的思考。在该书的结束篇中，研究员汤姆·西蒙斯(Tom Simmons)指出：

> 随着设计思想的产生和个人实践及知识的发展，引发了更深层次的问题，这些问题关系着设计的伦理标准、设计对社会和环境的责任，以及当代设计、设计师所处的本地和国际经济语境。

173 这个项目提供了一种模式，展示了平面设计教育如何建构不同方法，为学术界和全球企业提供新的视角，由此来应对“学习、研究和创新方面的当代挑战”。[21] 在这一情况下，平面设计的本质主义定义似乎将面临前所未有的质疑。

致谢
Acknowledgments

感谢姜锡勋和现代汽车公司对本项目的支持，也感谢参与项目的英国皇家艺术学院师生。

引 注

1 Lord S. Leitch, *Leitch Review: Prosperity for all in the Global Economy—World Class Skills* (London: The Stationery Office, 2006), 2.

2 R. Poynor, “A Report from the Place Formerly Known as Graphic Design,” *Print Magazine* 65, no. 5 (2011): 32.

3 House of Commons Science and Technology Committee, “Research Council Support for Knowledge Transfer,” *Third Report of Session 2005–06*, Volume 1 (London: The Stationery Office, 2006), 17.

4 Research Councils UK, *Knowledge Transfer Categorisation and Harmonisation Project Final Report* (Swindon: Research Councils UK, 2007), 2–3.

5 J. Chubb, “Presentation on Knowledge Exchange and Impact” (PowerPoint presentation, University of York), http://www.heacademy.ac.uk/assets/. . ./Knowledge_exchange_and_impact.pdf. n.d.

6 Alan Hughes et al., *Hidden Connections: Knowledge Exchange between the Arts and Humanities and the Private, Public and Third Sectors* (Swindon: AHRC and Centre for Business Research, 2011), 8.

7 Ibid., 54.

8 Ibid., 58.

9 Hyundai Motor News, “Hyundai Motor Launches New Global Brand Campaign ‘Live Brillant,’” *Hyundai Motor News*, April 3, 2012, http://globalpr.hyundai.com/prCenter/news/newsView.do?dID=267.

10 In a Mail to the author on June 12, 2012 from S. Kang, “Hyundai Motor Partnership Inquiry,”.

11 Hyundai Motor Company, “Corporate Information: History,” 2014, http://worldwide.hyundai.com/WW/Corporate/CorporateInformation/History/index.html.

12 M. Brown, “Tate Modern Announces Huge Sponsorship Deal with Huyndai,” *The Guardian*, January 20, 2014, http://www.theguardian.com/artanddesign/2014/jan/20/tate- modern-sponsorship- deal-hyundai.

13 Hyundai Motor News, "Hyundai Motor Launches New Global Brand Campaign 'Live Brillant.'"

14 S. Kang, "Presentation: Hyundai Motor Company," Royal College of Art, London, October 14, 2013.

15 Ibid.

16 Ibid.

17 Green Car Congress, "Hyundai to Offer Tucson Fuel Cell Vehicle to LA-area Retail Customers in Spring 2014," in *Green Car Congress: Energy, Technologies, Issues and Policies for Sustainable Mobility*, 2014. http://www.greencarcongress.com/2013/11/20131121-fcvs.html.

18 M. Kim, "A Car Named Desirable: The Bumpy Road Ahead in Marketing Cars to Gen Y," in *The Horse is Dead, Long Live the Horse*, ed. RCA (London: Royal College of Art, 2014), 79.

19 Gillespie, 2014, 195.

20 Shepherd and Wilson, 2014.

21 T. Simmons, "Hyundai/RCA: Design Process and Knowledge Exchange," in *The Horse is Dead, Long Live the Horse*, ed. RCA (London: Royal College of Art, 2014), 202.

合作需要设计思维

马修·霍伦

175 2002 年，我参加了凯斯西储大学魏德海管理学院主办的“像设计那样管理”工作会议。会议邀请了教育工作者、管理者和设计师参与对话，以激发和挑战管理中的设计思想这一主题。这次会议也是盖里设计的大楼的开幕活动，而无论是这次会议的形式还是这栋建筑，都是设计思维的典型和代表。盖里在主题演讲中认为，设计是一种无处不在的力量，能在最复杂的决策过程中保持活力。他鼓励将设计“不断变化的状态”保持到整个流程的后期，从而延长设计分析和决策活动的生命周期。在为期两天的研讨会上，与会者开展了广泛的讨论，帮助人们认识到不同学科之间的共同挑战。会议也提出了共同目标，即重新思考设计教育。研讨会的形式以及议题的提出都采用设计思维的有趣模式，在多方合作者中产生了协同效应。

作为本书的关注点以及本文的核心，**设计商业**一直致力于思考设计的范畴或设计的元文本（或元设计），思考新的教育模式，促成更多的合作和“思维模式”。如果没有元设计、设计思维和设计行为，我们就无法实质性地拓展设计的范畴。在**设计商业**的挑战中，以及在设计教育的最佳模式中，这三种实践的进展都是至关重要的。为了推动这些进展，我们运用了合作的策略和价值观：问题激发、讨论和共同探究，以及工作会
176 议模式。在教育改革的设计、实施和支持等各项工作中，设计思维模式和协作有望为设计课程和教育项目提供有价值的见解，并最终达到可持续的实践。这种“工作会议”是有着巨大潜力的协作和设计思维的模

式，是一种**协作式设计思维**的模式：激发—讨论—反思（循环往复）。这种模式具有包容性，它表明，“思考”或许只是某一个人的产物，但“设计思维”却可以是许多人的产物。

高等教育中的设计思维
Design Thinking in Higher Education

20 世纪 80 年代末至 90 年代，高等教育经历了一段漫长而不幸的“团队工作”时期（充斥着各类务虚会与专项会），在机构层面上做决策并改革教育。这些团队通常由协调人、教师、行政人员和董事会成员构成，但这并不是具有设计思维的团队。这些只是团队基本的组成部分。“前瞻性规划”开始较早，而且预算和商业计划在其中占据主导地位。“战略性规划”和“战略方案”改变了这一方法，但往往仍受困于历史和传统。其产品——“方案”，可能中途夭折，也可能在公示之后便被束之高阁。人们无法将方案与运营和预算匹配或关联起来，这就说明问题更为复杂，也更需要设计思维和设计。随着问题的持续，对参与者的培训和预期以及方案规划也继续发展。“战略性思维”要求持续应用战略性规划，但如果无法得到关联和运营的话，将再次遇到困难。“情景性规划”或许是第一次使用“行动中思考”的形式和某种程度的设计行为的协作方式。这个理念已经得到进一步发扬，最近，我们把应用情景性规划作为讨论“可持续性”和“可持续规划”的一部分。在这个层面上，用设计思维进行各方协作的潜力很大。但是，对于这一最新的规划过程，我们能够预测什么呢？如果它不是一个设计思维的过程，如果没有被推进到运营层面，如果没有尽早应用和持续地影响资源的设计和规划，新一代的“愿景声明”还是只能躺在办公室的书架上，在下一轮规划的等待过程中销声匿迹。

最理想的情况是，高等教育继续把自己塑造成一个设计思维的实验室，一个“合作者”，一场工作会议。它应该促成问题激发、论述、反思、理
177 论、练习、批评、迭代、创新和更新。与战略性规划不同，设计思维在过程模式和产品模式方面都具有全局性和反思性。艺术设计院校应该是新思

维模式得以开发和锤炼的实验室。在这个实验室里，课程对经验有催化作用，对实现目标有战略作用，最终在设计、思考和学习中发挥积极作用。在“知识”作为教育“文本”的模式中，设计思维和学习可以成为元文本。在这种模式下，设计师的教育是一种可持续品质的培养过程，即“绿色教育”。这个过程类似于农耕，而非制造。它得益于异花授粉和互利共生。它不是由某个机构组装、分配或完成的，它需要空间、光、时间与合成。它需要这些因素的共同协作。人们必须仔细而谨慎地培养和保持学习环境的要素。根据我在克利夫兰艺术学院的教学经验，我能够通过思考和学习的氛围，说明和展示绿色教育的比喻，培养毕业生，使他们的技能、知识和人格这三个重要方面得以可持续发展。这三方面体现了其处理具体和抽象问题的无限潜力，通过强调研究和持续学习来培养。在这个模式中，我建议将教学研究、学习和综合作为基本的和可持续的价值主张，聚焦“知识的可持续性”或绿色教育。最理想的情况是，它还可以在反省复杂综合的项目中进行自我选择、个性化，让项目发展到顶点。这是实质创新的基础，是对知识贡献的基础，也是文化进步的基础。正如理查德·布坎南曾提醒过的，设计应该成为技术文化背景下的“新通识教育”。

艺术教育的新课程模式
A New Model Curriculum for Art Education

合作需要设计思维。在新课程模式中，思维方式优先于知识。课程超越了媒介或学科，去完成各个学科以外的经验、协作和整合。为了实现有意义、有希望的综合学习模式，合作是必不可少的。合作要有效果，参与者必须加入设计思维团队：聚合—发散—吸收—适应。不同于随机性在非正式合作中的作用，设计思维可以提供流程和基本二分法：具体和抽象、分析和综合。在以前的模式中，专有知识是终极目标，
178 是一种高阶的“学习成果”。在综合学习模式中，设计思维是高阶目标，而获取专有知识则被重新定义为用于实现最终目标的策略或手段。这

是一种范式转变，有效地把以前的目标改为策略，把之前的策略变为目标。这种“媒介主体”的让位和设计思维的定位，是思维和学习的一部分（表 14.1）。

表 14.1 艺术教育的新课程模式

新课程		旧课程
课程		媒介
综合的		专有的
混合的		单一的
跨学科的	VS.	特定媒介的
合作		个体
同期群体		专业

在这个模式中，作为综合（思考）的产物，混和多样性享有优势，而单一性仅作为其他可被引用或应用的原型之一。特定媒介研究的基础不再是掌握特定知识，而是以一种策略达到一定能力，能够支持跨学科经验。新的模式提供基于团队的研究、设计、专家研讨和演示汇报。合作仍然认为个人价值是整体的一部分，其对集体性设计思维有着特殊贡献。

这种新的课程模式也重新定义了“同期群体”(Cohort)，它超越了“大学专业”的概念。一个同期群体可以是一组学生，除了个人实践、方法、学科或专业之外，他们的项目课程有共同的目标。通过建立共同的目标，真正意义上的同期群体可能存在于不同项目中，可以从不同课程体系中识别出不同学科采用或践行的共同目标，这是一种协作。基于同期群体设计的精神和实质效应体现于跨学科经验的创造，以及共生协作的形式。同期群体可以由不同类型的团队组成，因此也就各不相同；较大的群体也会分成若干子群体，也能达成以下设计目标：

- 完成跨课程体系和跨学科的目标
- 增加活力
- 179 建立全新的技能和知识核心
- 建立非特定媒介的研究与实践
- 以探究的策略，而不是以媒介或学科来定义“全面”
- 增加知识应用的广度
- 削弱媒介或学科的专属性

除了合作，可持续的协作模式还需要设计思维。设计思维实践最有价值的成果不是其产出，而是其过程，后者对未来的问题也能持续起作用：“设计师式的方式”“行动中的思维”“实验性思维的艺术”“设计的文化”。因此，设计思维是一个生成过程的元过程，进而生成产品。这可用那只下金蛋的鹅来打比方。金蛋[1]或许是一件杰出的产品，一个重要的结果，但鹅才是无价之宝，设计思维也是如此。我们需要设计思维来处理和应对合作模式的一系列制度性挑战：

- 开发可持续的变革过程模型
- 促进变革和改良，并以此为优先项
- 回顾战略性课程之间的关系
- 盘点项目资产
- 识别重合的资源并共享资源
- 创建跨学科的课程和项目
- 盘点并按优先顺序列出启动事宜与取消事宜
- 识别内部的优势和劣势：课程和运作方面
- 识别内部和外部的合作潜力
- 把目的和目标放在首位

[1] 引自《伊索寓言》中的故事，作者将教育比喻成下金蛋的鹅，意在说明教育的长远利益远远大于眼前利益。——译注

- 为可持续变革的过程和形式创建架构
- 减少浪费和加强项目
- 增加股权和提升收益
- 设计和管理流程
- 兼具内容和流程的专业优势

数字化的影响
Influence of The Digital

数字技术极大加强了合作的力量。此时此刻，至关重要的是我们要参与塑造数字化对设计、协作的过程和产品的影响，以及对最近的元设计和设计思维的定义。迅速发展的数字技术和必不可少的合作一
180 直在拓展我们的视野。在我与三位同事的合作中，我们构思并成立了CadLaboration 组织，致力于探索协作和数字技术的影响。我们提出了在设计与设计教育中进行协作的基本问题。通过协作，我们能扩大与多个社群的联系，影响新的课程，并分享技术资源让学生获益。对于 3D 打印和快速成形 (rapid prototyping) 技术的应用，我们不需要复杂的政策，就已经可以维持基本的"公平贸易" 协议了。随即，有 12 所学校加入了我们的组织，我们还促成了三次专题讨论会和多场展览。我们也马上意识到，协作的真正价值不在硬件技术，而在于促进了协作的技术。这令我们想起了布坎南在阐释杜威理论时对技术所做的定义：

> 对杜威来说，技术的含义不是关于如何制造和使用人造物或人造物本身的知识，而是一种实验思维的艺术。事实上，它是一种意向性操作，实践于科学、生产艺术，或社会和政治行动之中。我们错误地将技术认作一种特定类型的产品——硬件，这或许是实验思维所导致的，但这么做忽视了居于幕后的艺术，正是艺术为创造其他类型的产品提供了基础。[1]

这种“实验思维的艺术”表明，设计思维、技术和合作为其他类型的产品、全新想法创造了共生的价值。此外，在寻求变革设计和设计“工作流”时，我们找到了一种新方法，一种元方法（媒介），一种数字媒体。我们把实践从基于固定物质（有形人造物），转移到基于数字领域（虚拟人造物）和数字模型。这个例子深刻地说明了艺术、设计、科学和技术之间的同步性，展示出其处理信息的能力和潜能，而信息最终指代了所有事物。

我们已经从有限而静态的表现形式，转向了无限而动态的实验过程。建模不再是过程结束时的证据。建模也可以是初期的可视化，可以激发进一步的实验思维，是揭示机会的方式。在设计工作室或跨学科设计中，信息是特殊的，它不同于任何其他媒介或实体，是一个元媒介。它是弹性的、
181 形态多变的、负担得起的，也便于分享，是一个极好的资源和主题。它不受学科、行业或规模的约束。数字信息提出了一种元媒介，通过这种媒介生成的设计创作出了元形式，这些形式又提供、描述或生成了其他形式，这些数据又生成其他数据；数字信息提供设计参数作为算法。这样，算法是一种元形式，一种“发现形成的过程”(find-forming)，而不是“找形分析”(form-finding)——一种现代主义的表述，通常用来描述雕塑作品。从事探索和数字建模的设计师与从事研究和遗传编码的遗传学家类似，本质上都在处理产品背后的DNA（信息）。前者以数字建模、算法设计和生成性设计的形式，淋漓尽致地展现了“作为实验思维艺术的技术”。因此，协作与跨学科团队的价值最突出，而且这当中需要设计思维。技术增强的互联互通进一步促进了协作，有助于形成对研究、创造过程和归属权的新观点。人类基因组计划或许正是“协作需要设计思维”这一理念的最佳事例。

下一步
Onward

要评估高等教育中的设计，就要思考我们一直以来的目标和抽象的原则，将其反映在当代的具体战略和实践中。一直以来，高等教育的首要目标是生成新知识，或推动知识的发展，为社群、社会、人类和地球做贡

献。艺术及设计院校有着难得的机会来领导变革，积极影响社群，这个机会既是本土的也是全球性的。然而，这些任务早已完成，战略也已改变。培养艺术家和设计师转变成为培养创新思考者和领导者，让他们去界定有意义的问题，这才是当前的任务，这不同于以往只是要求他们对产品的熟悉和对过程的重视。在这种新模式教育中，产品是教育的“证据”，而不是教育本身。“产品”含义的外延也迅速扩大。课程改革面临巨大挑战，这是设计思维的重要议题。俗话说：“要想设计创新，就得创新设计”，新的教育模式正是挑战所在。新课程必须更具透明度，去质疑和拓宽设计的通用定义，在实践中发挥更大的作用和承担更多的责任。

艺术家、设计师和学者不仅是文化的先行者和创造者，还贡献了超越传统界限的新知识和新思维模式。艺术设计教育的最大价值和可持
182 续特质并不体现在目前的项目设计或特定目标上，而是体现在某些项目和机构身处不断变化的情境中却能持续变革和成长的能力上。我们无法确定某个当前最佳的实践，将它们视为竞争者或原型，因为它们刚诞生就已开始被新问题和新机会取代。我们可以找出那些最具灵活性的项目和机构，试图重新设计我们学术项目的架构来推动教师发展、研究和新视野。我们可以尝试继续用我们的工作来指导和支持进行中的机构改革。按这个顺序，要理解这些领先的模式，就可以研究那些不断变革和发展的架构具备哪些可持续的和重要的特质。学术项目活力最重要的推动力之一，是教师发展以及促进研究、合作和当代教育学的环境。为了维持健康且不断变革的氛围，需要以这个基本价值来持续引导设计和创新。

我们共同努力，重新设计和影响新的教育模式、设计、设计思维，并最终影响**设计商业**，需要我们完善设计思维能力，找到最初用抽象术语表述的共同目标和可持续价值。我们应该继续关照那些进行协作调查和研究的社群，继续跨越边界参与其他项目和机构的合作，继续为我们的领域和社区做出本土的、全球性的贡献。随着进一步发展和完善个性化项目的设计，我们可以探讨教学设计的共享原则和课程目标。我们应

该重新审视、激活、修改、投入到最佳实践。研讨会、协作及设计思维保持着透明度和灵敏性，是高等教育和企业文化中重要且可持续的一部分。教育的新模式或新设计永远是暂时的，在持续的研究和设计思维氛围下会不断更新。教育的未来是一个非常重要的问题，因为教育就是那只会下金蛋的鹅。

四个比喻
Four Metaphors

在词源之外，"设计"相关的比喻还表明，设计思维有着更复杂的价值。我想用四个比喻来结束本文：

- 设计是我们集体经验带来的一次浪潮，一种文化现象，一种由文化来传播和揭示的力量。
- 设计是粒子，是人类经验的元素周期表中的一种常见元素，它强大且无处不在，是复合的、复杂的和必不可少的。
- 设计，就像灵感，只有依靠行动、思考或体验才能真正圆满实现。
- 设计是良知，是一种超越物质和技术边界的力量，可以满足社群、社会、人类和地球实质而有意义的需求。

引 注

1 Richard Buchanan, "Wicked Problems in Design Thinking," *Design Issues* 8, no. 2 (1992): 8.

转化设计：
21 世纪设计管理的演进

米歇尔 · 拉斯科

185 一切都变了，变得那么彻底；
一种令人惊异的美诞生了。

——威廉 · 巴特勒 · 叶芝 (William Butler Yeats)

人们常说，时代变了，以前的模式不再适合我们的时代了。的确如此，可以说，我们过去的思维方式一旦成了阻碍，就无法很好地为我们筹划将来。如今，我们生活在量子物理学的时代，却仍沿用着 20 世纪 50 年代的那套管理方法。考虑到世界各地经济、政治格局不断变革的事实以及变革的速度，[1] 我们或许不再能有效地规划未来的战略。当传统的组织无法应对 20 世纪的复杂性时，战略设计就成了中心舞台，领导者和各国政府正在此寻找新的方法来识别、预测和处理我们最紧迫的困境。

追求幸福、人生意义和美好生活，是人类永恒的使命。为此，我们要找到新的方法来连接创造性的自我，从而释放潜在需求。在一个如此变幻莫测和复杂的世界里，我们别无选择，只能随机应变，逐步发展，并大
186 胆创新。因此，要解决当前和未来的重大问题，如区域发展、城市更新、脱贫致富和可持续发展等，合作方式就愈发重要。这需要人们具备以不同

的方式召集、管理和领导跨学科团队的能力，以及积极挖掘实践社群内隐性知识的能力。许多技能是设计实践通用的，[2] 因为设计思维作为一门学科，利用设计将人们的需求与技术上可行的事物相匹配——因此，从最广义上来说，设计是创新的源泉。[3]

不断变化的环境催生了创新，这一点在商业和科学领域很好理解，因为一直以来，在这些领域都在开展有价值的研究工作。研究结果常与直觉相反，创新往往是偶然所得；由于往往都是意外的结果，我们得到的解决方案并不是最初问题的答案，情况常以意想不到的方式发生转变。这一点的隐含意义是，松散的企业更适合多变的环境，而大型组织更适应稳定状态。

另一方面，社会创新虽不为大多数人所了解，却与更广泛的技术变革模式密切相关。我们需要更可信的研究，来探讨社会组织是如何创造公民价值的。我们要更全面和更深入地了解社会变革是如何发生的，以及它是如何关联经济、政治和技术的发展的。如果希望政策制定者、资金提供者和大学能够更有力地支持社会创新并成为创新过程的一部分，[4] 我们就必须设计出新的模式。

领导力与管理
Leadership and Management

领导力和管理的理论扎根于军事战略（例如公元前 6 世纪的孙子）[5] 和通过使人畏惧来实施领导的理念。[6] 随着时间的推移，又出现了劳动分工、资源分配和生产最大化 [7] —— 所有这些理论都适合于它们所处的时代。到了 20 世纪，盛行的科学管理 [8] 理论发展为全面质量理论和日式管理[1]。[9] 因此，管理学成为一门基于可测量内容的理性和分析性科学，据此，哈佛大学在 1921 年率先启动了 MBA 学位项目。

这就可以理解，“创新”一词在当时的科学语境中仅仅是“技术”的同

[1] 日式管理，指流行于日本的管理模式，其特点包括企业之间的交叉持股、毕业生统一采用、终身雇用、年功序列等。——译注

义词，而艺术因其逻辑模糊，则被归类为"偏软"的且只有边缘价值的学
187 科。即便如此，管理大师仍然声称，管理的本质就是营销和创新。[10] 在整个 20 世纪 70 至 90 年代，商业思想家都在考虑如何用"概念清障"获得更好的想法，[11] 他们研究企业中创造力的本质，并将商业作为一种艺术，[12] 或考虑如何参与创意管理和管理创新。[13] 与此同时，情境管理的重要性以一种有张有弛的、迭代更新的方式崭露头角。这种方式是建立在偶然性上的，并容许人进行创造性的试验。

MBA 学位长期以来一直是管理的黄金标准，是工商**管理**硕士 (Master of Business Administration) 的首字母缩写，但随着时间的推移，我们真正需要的是**创新**硕士 (Master of Innovation)。为了寻求竞争优势，旧式的等级制的工作方式必须转变得更灵活，而相应地，重点根据特定项目组建定制化团队的矩阵式组织设计成为了常态。但是今天，旧式命令和控制系统，甚至矩阵系统，都不足以胜任新的任务，尤其在涉及治理、公共管理和教育管理等方面时，更不用说在非营利领域中应对民主进程的需求了。

灵活性本身就意味着不断进化和适应；事实上，现在这场游戏的名字叫作"变形记"，我们必须从混沌理论、系统动力学和开放系统网络中寻找灵感。所有这一切都需要我们深刻理解创造力的本质，理解设计过程如何呈现创造力。

因此，各个领域的领导者现在都想利用设计的敏感性，走出传统意义上的设计思维和实践；掌控变革，综合不同领域的新知识，更好地处理社会经济的多元问题。人们已普遍认识到，创造力和创新对于组织敏捷度和战略的形成来说很重要，但最根本的挑战是如何赋能想象力来创新，如何发挥专业精神，以及如何开放协作：目标是推动变革，成就有能力的组织和系统。[14]

在任何语境下，所有学科的领袖和战略家真正的当务之急是阐明并总结出一套全球适用的哲学——适用于我们的现在和未来。这一哲学的范畴必须有一定的宽度，具备可塑性，认识到在塑造未来中各方力

量作用的动态本质。鉴于传统商业模式不再能很好地服务于当今格局，我们有必要探索、参与试验过程，从而发现、阐明创新事业和有机发展的全新路线。

188 第一步需要我们重新审视自己的思维模式；知识是如何被创造、被传播的；创新教育与实践的特点；以及在社会经济层面，它们在解决问题和价值创造方面的作用。

从设计的视角来看
Seeing through Design

设计思维

20世纪60年代以来，设计师在实践中的做法成为了许多研究的对象，这些研究尤其与设计师式思维相关。学者们将设计描述为造物的创作，[15] 一种反思实践（reflective practice），[16] 一种解决问题的活动，[17] 一种推理或理解事物的方法，[18] 以及意义的创造。[19]

这一探究的核心是寻找新的思维方式来激发新想法，释放新能量和新可能性。有人提出，创造力来自“移植概念”——从某一生活领域中汲取概念，将其应用到另一个领域，从而带来全新的见解。[20] 也有人认为创造性的“逆向”思维是打开想象力的一种方式。[21] 还有人用“万花筒式思维”来描述思维的整体性和可视性，意指跳出传统思维，找到一种能带来剧烈变革的创新方法。[22]

改变思维的方式就会改变一切。创造性思维是使创新、变化和改革更上一层楼的关键，有时这意味着运用不合常理的思维有助于找到新的模式，因为不连贯的变化需要跳跃的思维。[23]

设计思维的管理方式聚焦的是“像设计一样管理”，这是设计、组织和管理的交汇点，[24] 也是成功领导力所需的整体性思维，[25] 还是开启创新实践的思维风格，[26] 以及作为下一个的竞争优势。[27]

设计，以前只是以多学科的标签和创新团队的角色与商业联系在一起，但现在开始与战略和组织设计直接相关。[28] 因此，设计不仅塑造了

产品、过程和系统，也通过网络化的设计过程[29]塑造了决策本身。[30]这
189 样，“设计”一词成为意图或策略的同义词。所以，设计在创意（即思维）
和创新（即行动）的转换中发挥核心作用。[31]归根结底，文艺复兴的观点
仍然盛行，正如乔尔乔·瓦萨里 (Giorgio Vasari) 所说：“设计为所有创造性
过程注入了活力。”

那么设计思维本质上是创意思维的一个新术语吗？但是，如果创造力**就是**思维，而设计赋予其生命力，那么设计就有责任去阐明这种思维方式是如何与众不同地激发创新活力的。因此，真正的问题就是：创造力、设计和创新之间的关系是什么？在当代文化语境中，设计思维在发挥企业家领导力方面有什么独特的作用？

设计管理

虽然设计管理协会 (Design Management Institute) 已经成立了30多年，但关于这门学科究竟属于商学院还是设计学院的争论，或者设计学院是否就是新时代的商学院[32]的讨论也差不多持续了这么多年。毫无疑问，大环境不断变化迫使情况发生了彻底转变，这必然会导致理论与实践之间的冲突；核心与响应式的理念，以及设计与管理的实践之间的冲突。

但是，设计的关键特征是整合性和协同性，因此，设计管理是时候需要反思，忘掉那些旧范式下反复出现的问题。在当前数字通信、全球化和经济紧缩等瞬息万变的形势下，新产生的问题会取代董事会层面的表现或如何证明投资的影响力等问题，成为当务之急。亟待解决的议题包括：

- 在政治、社会、经济和环境等不同情况下，如何体现创造力和创新性的价值？
- 如何解释设计是怎样在最广义上为创新赋予生命力的？
- 不创新的代价是什么？

190 设计管理圈子里一些主流的论调，以设计对管理的关系为中心，或以管理对设计的关系为中心。坦白来说，这些做法都是短视的，甚至还会起反作用。是设计管理这个术语本身引起了这个困惑吗？为了获得清楚的解释，人们又创造了其他大量术语，包括商业设计、社会商业设计、服务设计、战略设计、元设计和设计指导。用一个总括的术语，如**转化设计**，不是能更恰当地描述这一领域的发展吗？转化设计应包含平等、良好的治理、政策制定和伦理等方面。

如果设计管理想要追求卓越，它就必须超越自己的出身，以全新的思想学派来处理人类事务。设计管理还需要提出更大的问题，比如：设计管理的独特视角是什么？它的核心原则是什么？它与众不同的哲学是什么？这些问题需要弄清楚：

- 在不断进化的生态系统中，设计对于产出原创性策略的核心指导作用；
- 促进设计领导力的关键因素，包括“大局”观，以及从一开始就阐明问题多面性的能力；
- 设计如何生成备选方案，并提供能够应对不同情况的综合解决方案。

所以真正的难题是，设计管理对定义和创建新的社会和技术基础设施有什么作用？有了这些基础设施，人们便可以用一种集体的方法来变革管理、发展经济、再生重建和可持续发展。确切地说，设计在物质和隐喻两个层面上，对美好生活本身起到什么作用？

从这个新的角度来看，设计可以说是一种元技能，是将可能的情况转为现实的赋能者。同时，设计思维则是处理并适应事态变化的认知辅助——本质上，是新洞察、新知识和新见解的源泉。因此，设计将新兴事务的因素纳入考量，支持并使之有可能形成更创新和更完善的问题解决方案，特别是那些具有可持续性和创造社会经济价值的解决方案。

转化设计旨在组织新形式的社会参与，使合作设计成为可能。它鼓励用户成为联合设计师，用即兴创作和演化的设计态度去实现最广义的创新。因此，转化设计通过促进伙伴关系，发挥合作领导力，把学术、经济、社会、工业和专业团体加入探究、学习和实践的社区，从而进行社会行动。

元技能方法通过变形转化力和适应力突显了持续创新。这种方法接受不确定性，所以，假设我们无法完全预估未来问题，决策就要视情况而定。因此，这是一种适于新兴产业概念的迭代方法。

本质上说，转化设计方法支持变革，它以方向性思维打造智能专业化平台和策略，刺激区域的创意经济发展，有助于应对未来的困难。

知识及其移转
Knowledge and Its Transfer

知识的产生

191 为了方便人们的生活，为了使管理者胜任新兴的领导角色，我们需要跨越应对机制的局限，找到更好的方式来培养知识。这需要从一个全局视角来分析个人的、组织的，乃至社会的学习。也就是说，要营造一种促进学习氛围，鼓励人们更重视理解力和解决冲突的能力，而不是仅仅获得胜利和利益。这意味着要准备好支持有效的信息、自由而知情的选择，以及对内的承诺。[33]

拓展思维的途径是通过探究、学习和实践进行教育；因为知识无处不在，尤其生活充斥着各种悖论，需要得到平衡。但是，知识的习得也需要孕育、反思和沉淀，所以在分解和碎片化时期，我们寻求整合过程。整合式学习是全局地看待整个人或系统，包括生理的、心理的和隐喻的。它关注的是人从内容、观点和学习风格的差异性中学习，认为最佳的学习是在以多样性作为激励手段的情境中实现的，不同的方法和观点可以互为补充。此外，整合式学习是关于学习如何学习，从他人处学习，与他人一起学习的。当每个人分享相同的体验时，学习以对话的形式发生，参与者们分享自己的观察、感受和想法，并一起得出结论。[34] 因此，知识的产生和传播是同时进行的。

体验式学习理论和实践提供了“脚手架”，促进整合式学习。通过行动学习，把学习过程融入现实世界，这时，整合式学习的效果最好。[35] 对组织的或社会的学习来说，人们可以很好地将这一概念理解为，通过聚焦和处理真正复杂的问题或涉及多方面的问题来学习。与此同时，实践社区已被视作新的前沿组织。那么，如何才能形成实践社区呢？我们可以发现、支持、鼓励和培育这些社区，但这些社区却不是可设计的具体对象。实践本身并不服从于设计。[36]

设计思维和创新的教育方法，如设计导向的论坛、行动学习方法集合、创意团队建设工作坊、建立共识的会议和设计实验室，以及创新导图和模式生成技术等，对帮助和支持实践社区的健康发展十分重要，所
192 以设计实践可以为社会和经济的可持续发展创造切实的成果。因此，基于开源和互联协作过程的新型组织框架出现了。[37] 设计学院代表着一种独特的资源，它不仅是知识的生产者，而且是强有力的参与者。它通过激发关联，直接影响着向可持续发展的转变。[38]

设计教育：工作室即社区

设计工作室是典型的实践社区，传统的设计学习活动就发生在工作室实践中。在这一社会性场景下，战略设计（决策塑造）是关键原则。但是工作室也是一个探究和学习的社区，可以被视为在规模上具独特优势的微观世界；小得恰到好处又充分网络化，实际上是一个鲜活的实验室；可以将范围扩大到其他学科、利益相关者和司法管辖区。

设计教育者偏爱建构性的教学方法，所以工作室代表了一种互动环境，人们可以在其中建构知识、开展实验并发现原则。设计工作室实践鼓励人们探索新概念，让实践者能够创造和创新、展示和讨论、批判性地审视、评估自己和他人的工作。[39] 因此，工作室实践鼓励人们开展协作并分享各自的观点，也鼓励人们进行反思、同伴审议和评估。[40]

但工作室还提供了一个物理学习环境，使学习者能通过参与设计的社区来确立他们的身份。工作室方法让学生设计师参与社会探究和学习，磨练设计技巧，并通过对话建立学习关系。在设计教育中，工作室也提供了环境，使研究生可以拓展与其他学科相关的核心素质，具体包括：

- 目前的研究和专业 / 职业实践中已知的专业知识和技能；
- 有效的协同工作、沟通技巧，以及反思实践的能力，包括提出和接收反馈的能力。

随着网络技术和个人移动设备的普及，[41] 工作室的边界变得更具渗透性，工作室也因而受益。不断变化的环境使教育实践者关注教学法技巧，他们在自我指导的协作学习进程中成为促进者和激励者。这样的环境也提供了一个前所未有的机会，把学习活动扩展到纯粹以机构为基础的、狭义的活动范畴之外——这一点与肯·罗宾逊爵士 (Sir Ken Robinson) 的
193 观点一致，就释放创新力这一主题，他认为，“学校不是提供教育的唯一场所”。[42]

然而，随着信息在不断增加的渠道中迅速扩散，学习者迫切需要掌握批判和评估的技能，来理解这个更为复杂的世界。[43] 创新教育在促进整合式学习方面有着特殊地位，它为创造性的实验、思索和意义追寻提供了空间。因此，设计学院的关键作用体现在：当无限的信息渠道对学习者造成困惑时，能让他们有效地处理这些情况。

技术是工作室实践的有力武器，因为它能将物理空间扩展到虚拟世界，加强了设计社区内部的联系，使学习者成为自己学习的主动创造者和塑造者。[44] 技术也有助于学习者进行反思、计划和知识共享，为学习增加了价值。它还使人们在学习的过程中更加主动地获取丰富的知识，为建立多样化、多学科的全球实践社区奠定基础。实践社区很少是经计划产生的，而多为自发出现的。[45] 有鉴于此，技术可谓是这一创造过程的催化剂。因此，技术为主动协作学习提供了机会。学习者可以按照自己的

进度灵活安排并自行管理学习进程，也可以从自己生成的内容中来探索数字的自我——这些都是设计师核心能力的自然延伸。

一个新的思想流派
A New School of Thought

21 世纪的课程体系

> 如果我们改变自己的态度、习惯和某些组织的做事方式，就会拥有一个充满了新发现、新启蒙和新自由的时代，一个真正学习的时代。[46]

真正的学习着眼于知识的进步和转移，这有赖于富有洞察力的教学方法和课程设计，还要以学术三大支柱的整合贯通为基础，即：

- **研究**：探究、反思与思考；
- **教与学**：发布、传播并发掘内在潜能；
- **学术机构**：实践、行动与掌握。

194 因此，在这样的背景下，教育发展本身可以看作知识创造、交换和应用的完整系统。我们很清楚基于问题、技术增强和协作学习的重要性，但是具体针对设计管理，我们首先需要知道在这个领域中知识是如何产生的，以及学习是如何发生的。阈概念，[1] 作为“以一种新方式看待事物”的学习成果，或许是这方面的核心。

人们对阈概念的描述尽管不像对课程内容要素的界定那样清晰，但它是作为合法的外围参与者群体发展进程的一部分，这些人越来越

[1] 阈概念，threshold concept，是指那些在任何学科领域中，为增强理解、思考以及实践方式起通道或门户作用的理念。阈概念是一些核心的或者基础的概念，学习者一旦掌握这些概念，就可以创建新的视角，以及某学科或者挑战性知识领域的认识方法。引自清华大学图书馆翻译的《高等教育信息素养框架》一书。——译注

多地参与到学习或学科社区的实践中，逐渐明确了自己的“身份”。[47] 因此，阈概念可以理解为：“类似于门户，它能开启一种全新的、以前无法理解的思维方式……转换学习者理解、解释、看待事物的方式，学习者没有理解它就无法获得进步”，而且阈的主要特征可以归纳为“具有变革性，可能是不可逆转的，整合性的，常引起麻烦，还可能受约束”。[48] 阈概念或许还代表**麻烦的知识**，也就是那些很难理解的，与直觉相反的，或“异质的”知识。[49] 此外，阈也可以被视为概念的“网络”，可以帮助学习者将新思想融入现有的个人信仰系统。[50]

从本质上说，为了构建 21 世纪的创新课程体系，建立和传播设计管理知识，这一领域需要：

- 阐明设计管理看待问题的独特方式；
- 明确设计管理的阈概念，并着手说明其如何呈现“麻烦的知识”；
- 绘制出这些概念的网络，说明它们如何相互关联，从而来描述设计管理人员更改过的万花筒。

转化设计应提供新的教学方法。这些方法既基于设计敏感度，又超出设计思维和实践的传统概念，它能包容变化，并从许多不同学科中综合新知识，从而更好地处理复杂的社会经济问题。这样，未来的领袖们可以获得充分的洞察去处理真实的难题，然后将他们的思想编入新的认知方式。如此，工作室实践和设计方法就能成为创造新动态战略模型的催化剂，是通向创新型创业（亦或冒险）的路径。

引 注

1 John Friedmann, "The Public Interest and Community Interest," *Journal of the American Institute of Planners* 39, no. 1 (1973): 2–7.

2 M. Rusk, "Meeting the Challenges of a Changing World" (paper presented at the 5th Association for Business Communication European Convention, Lugano, 2003).

3 Tim Brown, "Design Thinking," *Harvard Business Review* 86, no. 6 (2008): 84–92.

4 Geoff Mulgan et al., *Social Silicon Valleys: A Manifesto for Social Innovation* (London: The Young Foundation, 2006).

5 T. Butler-Bowdon, *The Art of War by Sun Tzu* (New York: John Wiley, 2010).

6 N. Machiavelli, *The Prince* (New York: Penguin Classics, 1513).

7 Adam Smith, *The Wealth of Nations* (Harmondsworth: Penguin Classics, 1776 [1999]); S. Colini, ed., *Mill John Stuart: On Liberty and Other Writings* (Cambridge: Cambridge University Press, 1989).

8 Taylor Frederick, *The Principles of Scientific Management* (New York: W. W. Norton, 1911 [2006]).

9 W. Deming, *Out of Crisis* (Cambridge, MA: MIT Centre for Advanced Educational Services, 1982).

10 Peter Drucker, *Essential Drucker* (Oxford: Butterworth-Heinemann, 2001).

11 James L. Adams, *Conceptual Blockbusting: A Guide to Better Ideas* (New York: Penguin Books, 1974).

12 Michael L. Ray and Rochelle Myers, *Creativity in Business* (New York: Doubleday, 1989).

13 Jane Henry and David Walker, *Managing Innovation* (London: Sage, 1991).

14 Rosabeth Moss Kanter, *Frontiers of Management* (Boston. MA: Harvard Business Review, 1997).

15 Herbert A. Simon, *The Sciences of the Artificial*, 3rd ed. (Cambridge, MA: MIT Press, 1996).

16 Donald A. Schön, *The Reflective Practitioner: How Professionals Think in Action* (New York: Basic Books, 1983).

17 Richard Buchanan, "Wicked Problems in Design Thinking," *Design Issues* 8, no. 2 (1992): 5–21.

18 Nigel Cross, *Designerly Ways of Knowing* (New York: Springer, 2006); Bryan Lawson, *How Designers Think: The Design Process Demystified*, 4th ed. (Oxford: Architectural Press, 2006).

19 Klaus Krippendorff, *The Semantic Turn: A New Foundation for Design* (New York: CRC Press, 2006); Roberto Verganti, *Design Driven Innovation: Changing the Rules of Competition by Radically Innovating What Things Mean* (Boston, MA: Harvard Business Press, 2009).

20 Schön, *The Reflective Practitioner*.

21 Charles Handy, *The Age of Unreason: New Thinking for a New World* (London: Random House, 1989).

22 Rosabeth Moss Kanter, *When Giants Learn to Dance: The Definitive Guide to Corporate Success* (New York: Touchstone Simon & Schuster, 1989).

23 Handy, *The Age of Unreason*.

24 Richard J. Boland and Fred Collopy, "Design Matters for Management," in *Managing as Designing*, ed. R. Boland Jr. and F. Collopy (CA: Stanford Business Books, 2004), 3–18.

25 Roger L. Martin, *The Opposable Mind: How Successful Leaders Win through Integrative Thinking* (Boston, MA: Harvard Business Press, 2007).

26 Brown, "Design Thinking."

27 Roger L. Martin, *Design of Business: Why Design Thinking Is the Next Competitive Advantage* (Boston, MA: Harvard Business Press, 2009).

28 B. Borja de Mozota, "Design Economics—Microeconomics and Macroeconomics: Exploring the Value of Designers' Skills in Our 21st Century Economy" (paper presented at the 1st International Symposium CUMULUS // DRS for Design Education Researchers, Paris, May 18–19, 2011), http://www.designresearchsociety.org/docs- procs/paris11.

29 Ezio Manzini, "Design Schools as Agents of (Sustainable) Change" (paper presented at the 1st International Symposium CUMULUS // DRS for Design Education Researchers, Paris, May 18–19, 2011), http://www.designresearchsociety.org/docs- procs/paris11.

30 Marco Steinberg, "Design Policy: A Perspective from Finland" (paper presented at Helsinki Global Design Lab, 2010).

31 Rusk, "Meeting the Challenges of a Changing World".

32 Business Week, "Tomorrow's B-School? It Might Be a D-School," *Special Report*, 2005. http://www.businessweek.com/magazine/content/05_31/b3945418.htm.

33 C. Argyris and D. Schön, *Organizational Learning II: Theory, Method, and Practice* (Reading, MA: Addison Wesley, 1996).

34 D. A. Kolb et al., "Strategic Management Development: Experiential Learning and Managerial Competencies," in *Creative Management*, ed. J. Henry and D. Walker (London: Sage/The Open University, 1991), 221–31.

35 Reginald W. Revans, *The Origin and Growth of Action Learning* (London: Blond & Briggs, 1982).

36 Etienne Wenger, *Communities of Practice: Learning, Meaning and Identity* (Cambridge: Cambridge University Press, 1998).

37 G. Mulgan, *Connexity: How to Live in a Connected World* (Boston, MA: Harvard Business School Press, 1997).

38 Manzini, "Design Schools as Agents of (Sustainable) Change".

39 JISC, "In Their Own Words: Exploring the Learner's Perspective on e-Learning," 2010. http://www.jisc.ac.uk/elearning.

40 Nigel Cross, "Designerly Ways of Knowing," *Design Studies* 3, no. 4 (1982): 221–27.

41 HEFCE, *Effective Practice in a Digital Age: A Guide to Technology-Enhanced Learning and Teaching* (London: HEFCE, 2009), http://www.webarchive.org.uk/wayback/archive/20140615094835/http://www.jisc.ac.uk/media/documents/publications/effectivepracticedigitalage.pdf.

42 Ken Robinson, *The Element: How Finding Your Passion Changes Everything* (New York: Viking Penguin, 2009).

43 T. Browne et al., "2010 Survey of Technology Enhanced Learning for Higher Education in the UK," *Oxford: UCISA* 86, no. 6 (2008), http://www.ucisa.ac.uk/~/media/groups/ssg/surveys/TEL%20survey%202010_FINAL.ashx.

44 John Butcher, "Off-Campus Learning and Employability in Undergraduate Design: The Sorrell Young Design Project as an Innovative Partnership," *Art, Design & Communication in Higher Education* 7, no. 3 (2008): 171–84.

45 Etienne C. Wenger and William M. Snyder, "Communities of Practice: The Organizational Frontier," *Harvard Business Review* 78, no. 1 (2000): 139–45.

46 Handy, *The Age of Unreason*, 10.

47 Jean Lave, Etienne Wenger, and Etienne Wenger, *Situated Learning: Legitimate Peripheral Participation* (Cambridge: Cambridge University Press, 1991); Etienne Wenger, *Communities of Practice: Learning, Meaning and Identity* (Cambridge: Cambridge University Press, 1998).

48 Erik Meyer and Ray Land, "Threshold Concepts and Troublesome Knowledge: Linkages to Ways of Thinking and Practising within the Disciplines," (report from Occasional Report 4: Enhancing Teaching-Learning Environments in Undergraduate Courses, 2003). http://www.leeds.ac.uk/educol/documents/142206.pdf.

49 David Perkins, "The Many Faces of Constructivism," *Educational Leadership* 57, no. 3 (1999): 6–11.

50 Jan HF Meyer and Ray Land, "Threshold Concepts and Troublesome Knowledge: An Introduction," in *Overcoming Barriers to Student Understanding: Threshold Concepts and Troublesome Knowledge*, ed. J. Meyer and R. Land (London: Routledge, 2006):19–32.

将创造性问题解决方法和设计思维共同编入 MBA 课程

艾米 · 兹杜尔卡

197 2010 年，我和一位同事受邀设计一门新课程，要求是把创造力和与创新相关的内容引入学院的 MBA 项目，我当时建议以设计思维为重点。虽然从 2001 年起我就在商学院教书，但我本科学的是建筑，而且自从听说了设计思维这个概念，我就一直在尝试运用设计思维。对我而言，设计思维很有价值，我很乐于用它来帮助学生开拓思路，迎接挑战。然而，我那位同事却对此表示怀疑。

他拥有三个商科领域的学位，并且作为国际咨询公司的合伙人，有着丰富的实践经验。他认为传统的分析方法非常有用，而且觉得从 MBA 教育中获得的技能正是自己创新能力的基础。他非常讨厌别人花言巧语地贬低这些技能，鼓吹某种方法的价值。在给我的一封邮件中，他写道："宣扬设计思维的人表现得仿佛同理心和原型设计是他们发明的一样。"他还质疑设计思维话语的模糊性：由于人们很难定义设计思维或明确它的理论基础，可以说它还不够成熟或不可信，因此也无法作为课程的基础。

随后，我们花了一年的时间来辩论，对在职 MBA 专业学生群体而
198 言，设计思维有什么优点。我们最终决定用创造性问题解决方法 (Creative Problem Solving, CPS)，而不是设计思维，作为我们课程的基础模型。到目前为止，我们已经完成了这门课程的六次教学，似乎已证明了 CPS 是一个有效的基础模型。随着课程的开展，作为课程的主讲老师，我也已把设

计思维融入课程中，从而完善了 CPS 框架。因此，设计思维重新成为课程的核心概念，也可以说该课程使用了“CPS-设计思维”的混合方法。

本文讲述了从 2010 年至今这门课程的发展。首先介绍的是我们学生的群体特征。然后本文会探讨我和我那位同事对设计思维的疑惑，解释为什么我们选择 CPS 作为课程的基础模型，并讲述如何把设计思维整合进来。我们希望本文可以帮助那些想运用设计思维，但也和我们一样遇到困难的人，那些人认为①设计思维让企业受众感到费解；②设计思维很难移植到非设计的环境。

为了保证本文内容的连贯性，此处有必要提一下我的那位同事，史蒂文·格洛弗 (Steven Glover) 博士。在该课程启动后不久，他就不幸去世了。我独自完成了课程教学。因此，在介绍课程设计过程时，我会提到格洛弗博士，但在后续整合设计思维时只会谈到我自己。我非常感激格洛弗博士帮助我拓展了思维，提出了最初的假设，他还审阅了本文的初稿。在此，我会尽一切努力准确地转述这位已故同事的观点。

背景：学生群体特征
Context: Student Demographic

在我们所教的创新课程班里，MBA 学生的平均年龄约为 40 岁，大多数已经从事中层管理工作。他们的职业领域和行业分布较广，一个班级的学生可能来自政府、银行、石油和天然气、市场营销、医疗保健和部队等各个领域。因此，我们的课程设计需要考虑学生的各种职业背景。另外，我们的课程是一门选修课，学生要从三门选修课中任选两门。所以，在设计课程时，我们不能假定学生对创新方法都有浓厚的兴趣；课程设计必须适合“一般”的 MBA 学生。

最后这一点和我们尤为相关，因为从目前各种设计思维课程来看，
199 这些课要么都是选修课，要么是聚焦设计思维教育的项目的子部分。因此，我们估计，和设计思维课程成功案例中的那些学生相比，如果要求我们的学生采用新的工作方式，或处理极其模糊的状况，他们会表现出

更多的抵触情绪。根据我们的教学经验，MBA 学生积极进取、乐于学习，但他们非常繁忙，要平衡职业、家庭和学习责任。我们意识到，在培养学生创造力方面，我们面临着挑战：这些学生不能完全认同我们的做法，就像这些中层管理者在试图培养他们下属的创造力时遇到的困难一样。我们接受了这项挑战，为那些并不热衷创新教育的学生设计一门聚焦创造力的课程，因为我们认为值得一试。

对设计思维的质疑
Questioning Design Thinking

在讨论设计思维的那几个月里，我和格洛弗博士反复讨论了两件事。第一件事主要是他所关心的，是有关设计思维的定义和根源的模糊性，以及缺乏研究验证其有效性。第二件事是我关心的，是关于设计思维诞生的文化背景、我们所处的商学院的文化，以及有待大多数学生创新的组织文化之间存在差距。在本节中，我会一一讨论这些问题。

和格洛弗博士交流时，我沮丧地发现，我无法阐述自以为理解清楚了的设计思维概念。当他询问它的定义时，我引述了布朗在《哈佛商业评论》里的那段话：

> 作为一门学科，利用了设计师的感性和方法，将人们的需求与可行的技术、可转化为客户价值和市场机会的高效的商业战略结合在一起。[1]

大卫·邓恩 (David Dunne) 和马丁在《管理学习与教育学刊》(*Academy of Management Learning and Education*, 2006) 中也提供了一种说法："像设计师处理设计问题那样来处理管理问题。"[2] 但这些只会让我们陷入循环对话。此外，我们还努力将司马贺[3]、博兰和科勒匹[4]和马丁[5]等学者的论点一点一点地串联起来。

在我看来，无法清晰地定义设计思维，这点倒是次要的。毕竟，如果
200 我们能为学生提供有意义的创新过程，那么就算有一定程度的模糊性又何妨？但是，格洛弗博士却认为这非常重要。他觉得，只有我们确信没有其他更可靠的方法来促进创造力与创新，我们才可以把设计思维这一未经检验的概念教授给学生——但他不确定是否存在其他的方法。同时，他觉得自己的困惑也暗示着，学生可能也有类似的疑惑。我不得不承认这一点是有可能的。

此外，我还有自己的疑虑。回想起自己还是建筑系学生的时候，我突然意识到，工作室的创新魔力并不是通过某种特定的思维方式产生的；相反，它是由一种开放和创新的整体文化孕育的。在我看来，对成绩的看法更贴切地反映了设计学和商科教育之间的文化差异。如果一名建筑学专业的学生，在开始一个新的项目时说“我要非常努力来获得 A”，这是很可笑的。我们一般会认为自己即将踏上一段不可预测的创新旅程。相反，商学院的学生通常认为存在着一条路径，只要沿着这条路径按部就班，就可以达到 A 级成果。这可以通过类比职场来理解，员工经常寻求清晰的薪酬等级和晋升通道。鉴于设计学院与商学院截然不同的地方，而且考虑到文献中多数设计思维课程似乎都利用了设计学院的多个特点，如专门的工作室空间和较高的师生比，这些传递给学生一种信息，即他们参与了一次“特殊”的体验。因此，我认为在常规的 MBA 课程中，如果没有额外的资源，要重塑一个设计的氛围是很困难的。

更重要的是，即使我和格洛弗博士以教师身份成功地为学生创造了一个对设计有利的环境，我仍怀疑学生作为管理者，能否在自己的工作场所重建这些环境。因为大多数学生只是中层管理者，他们对组织的整体文化与设计影响是有限的。大多数人可能会运用从课程中学到的技能去推动企业内部的变革：在组织内部他们的影响力作用范围内把事情做得更好。设计思维的支持者已经认识到，在组织环境中引入设计思维存在着挑战，他们甚至提出了克服挑战的策略。[6] 然而，即便这些可能有效

的策略看似合理，实施起来也很费劲。所以，我们再次质疑，是否存在一种更温和的方式来培养创造力和创新，让管理学的学生能更方便地将这种更符合商业实践的方式移植到自己的工作中。

经过几个月的讨论，我和格洛弗博士达成了两项共识。首先，我们要
201 寻求“恰到好处的陌生感”(optimal strangeness)。我们认识到，如果该课程与其他以分析为重点的常规 MBA 课程一样，也就是说，如果它没有陌生感的话，那将毫无用处。学生将采取惯用的方式来思考问题，这无法提高他们的创新能力。另一方面，如果这个课程过分偏离常规，也就是说，它使学生远远偏离既有的方法，那么我们不仅会疏远那些最富冒险精神的学生，还会削弱他们将所学知识应用到职场的能力。我们担心设计思维过于陌生，这一顾虑源于建构主义学习理论，该理论认为成年人只有将新知识关联到现有知识时才能获得最佳的学习效果。[7]

我们第二个共识是，作为课程设计者，我们的目标是着眼于帮助学生成为创新者，而不是像过去那样，专注于设计一门成功的设计思维课程。由于我的倡议，起初我们讨论的重点是设计思维，甚至一度同意在课程标题中写上“设计思维”一词。但是现在，我们同意删除该词，将课程命名为“引领创新”，并一致认为课程的目标是帮助学员在职场中引领创新。我们说好要保持开放的态度，无论是对设计思维，还是对其他可能实现目标的方法。正如格洛弗博士所说：“如果设计思维是实现引领创新这一目标的最佳方式，我们就采用它。如果不是，那我们就不用。”

差不多在同一时间，我向格洛弗博士推荐了杰拉德 · 普奇奥 (Gernard Puccio) 等人所著的《创新领导力：驱动变革的技能》(*Creative Leadership: Skills that Drive Change*, 2011)[8] 一书。这是一本介绍以 CPS 为基础模型的书。我曾在我自己的学习和本科教学中使用过该模型。但是，想到有可能采用设计思维方法来教学，我太激动以至于忘了可以用这本书做 MBA 课程的教材。然而，格洛弗博士马上意识到这个模型可以提供一种思路（我们将在下一节中讨论），既能满足他的要求，即方法要具备扎实的理论基础，又符合我的希望，即方法与商学院以及组织内现有的解决问题模式更接近。

创造性地解决问题
Creative Problem-Solving

像设计思维一样，CPS 也是一种结构化过程，用来应对复杂的开放式问题。1942 年，一家广告公司的创始合伙人亚历克斯·奥斯本（Alex Osborn）最早提出了 CPS 的概念，他随后创建了一个 CPS 研究和教育中心。有了这个研究中心，人们就可以根据 CPS 研究人员的最新成果和创
202 造力领域的其他最新研究不断调整 CPS 的过程。CPS 发展至今，已有多个版本，[9] 但所有版本都具备两个基本特征：首先，它们都由一个个步骤组成，参与者要逐一完成定义问题、产生想法、将想法转化为解决方案和构建行动计划等任务。其次，CPS 过程的每一步骤都要求参与者先发散思维，再聚合思维，其中发散思维可以“生成多种的替代方案”，聚合思维则专注于“筛查、挑选和评估替代方案”。[10]

以创新领导力为特色的 CPS 版本，叫作“思维技能模型”，由评估形势、说明、转变和实施四个步骤组成。该模型将每一个步骤分解为两个子步骤，每个子步骤都包括发散和聚合。因此，解决问题的过程是一步一步，以相当细微的方式开展，并且以发散思维和聚合思维的重复循环为特征。

对格洛弗博士而言，CPS 的完备性正是其吸引人之处。他认为，当务之急是挑选一本清晰而详尽的教材，而《创新领导力》一书较为理想，因为它既包括了创造力和领导力领域的理论基础，又提供了一个实用的工具包，管理学的学生可以利用工具包来练习 CPS。此外，多个实证研究已经证实了 CPS 的有效性，CPS 也在组织中运用了一段时间，这使得格洛弗博士可以放心地向学生传授这种可靠的方法。[11]

我对 CPS 方法和学生既有方法的相似之处很感兴趣。CPS 的各步骤可以指导解决问题的人去收集信息，明确问题，生成解决方案，然后执行。这些方法都是常见的，与分析方法相比也没有根本的不同。事实上，正如其他研究者指出的，CPS 可以与商业分析的标准方法相对应。[12] CPS 的价值主要体现在：它改变的是问题解决的重点，而不是其基本框架。具

体来说，它要求解决问题的人在过程的各个节点上都要更频繁、更严谨地进行发散思维。比如，通常人们认为在明确问题这一步骤中发散思维不那么必要，但 CPS 却要求人们在此时也进行发散思维。《创新领导力》中的这版 CPS 强调要将想法转化为解决方案，这点也非常重要，因为它
203 重点突出了一点：新想法需要经过迭代，才能算是可行的解决方案。换句话说，CPS 提供了最恰如其分的陌生感，它的差异性足以鼓励学生尝试新的方向，但它的相似性又可以让学生发挥自己的优势。

完成了六次教学后，我认为 CPS 是合适的基础模型。回想起来，令我感激的是，格洛弗博士预见到了一本详尽而清晰的教材十分重要。由于创新过程会让人迷茫，学生很庆幸能有《创新领导力》这个触点。这本书在课程评估中得到的评价也一直很高。CPS 重复"发散—聚合"的思维循环发挥了 MBA 学员们的特长（聚合思维），推动他们从自身能力出发，走出舒适区。此外，不断回归到聚合思维也能帮助学生保有基本的舒适感和安全感，使他们有能力去进行创新冒险。深入研究创新过程具有不确定性，那些对此不习惯的学生似乎更愿意进入这一过程，因为他们知道接下来的是聚合步骤。随着舒适度的增加，CPS 可以引导解决问题的人度过时间更长的、结构较松散的发散阶段。

CPS 模型在课程后半部分也特别有用。我们要求学生完成一个实践任务：在他们自己的工作中运作一次 CPS 方法。来自各行各业（从视频游戏开发等创意产业，到消防服务或公用事业等非创意产业）的学生都反馈了 CPS 的有效性。

整合设计思维
Integrating Design Thinking

虽然 CPS 已被证明是一个强有力的基础模型，但我发现，学生也从融入 CPS 课程的设计思维方法中获益匪浅。尽管设计思维有着多种模

式，但关注“以人为本”，即从与用户共情开始解决问题，以及关注原型设计，仍是大多数模式的主要特征。[13] 这些设计思维的理念已经得到证明，是对 CPS 框架的有益补充。

引用设计思维的文献来解释用户同理心的理念，可以帮助学生找到更扎实的创新解决方案。用户同理心之所以与 CPS 模型是一致的，是因为CPS强调运用诸如观察研究、旅程地图和访谈等移情方法，从“评估
204 形势”开始解决问题。因此，若以创新为目标，突出用户同理心作为评估形势的一种特别有效方法，我能把这一理念整合进来。当学生用 CPS 方法来处理某一组织领导提出的现实挑战和真实案例时，注重获得用户共鸣在这一过程的第一部分特别有效。我尽可能挑选学生职业领域以外的挑战（近期的挑战来自于歌剧院和天文台），强调从一开始就要深入理解用户，这让学生看到了更多微妙的可能性，而不局限于那些默认的备选商业方案。

原型设计也成为了课程体验的关键。这与 CPS 模型也是吻合的，因为 CPS 强调的是将想法转化为可行的解决方案，而原型设计正是实现这一转化的一种方式。在我看来，让学生做原型设计，意味着让他们公开地展示多个草案来获得反馈。例如，在为期两周的真实案例研究后，学生使用了改编自利特卡和奥格尔维的“餐巾纸式汇报”[1]模板，[14] 向组织负责人汇报了他们的方案建议，并征询了反馈意见。然后，他们在各自反思的同时，也在团队中反思这些反馈意见，再提出新的修改建议。这种公开阐述想法的过程，目的就是要从反馈中进行学习，这明显不同于商科学生既有的问题解决方法。例如，这和他们从案例分析中学到的方法截然相反，案例分析中要求学生坚决地捍卫自己的建议，认为这是最好的解决方案。从原型设计的经验中似乎可以学到很多重要的东西。

如上所述，用户同理心和原型设计中的设计思维与 CPS 框架是相兼容的。然而，这并不意味着在 CPS 方法中添加设计思维不是什么难事

[1] 餐巾纸式汇报，napkin pitch，意为能用一张餐巾纸解释清楚公司的目标。意味着这种解说方式是非正式的，充满故事性，也是易懂的。——译注

或顺理成章。例如，由于采用原型设计，而不仅仅遵循教科书常用的方法，这门课使学生沉浸于一种完全不同的体验中。因此，我认为，融入设计思维理念会改变 CPS 的学习体验，而“引领创新”这门课采用的正是 CPS 和设计思维的混合方法。

结语
Conclusion

自 2010 年以来，有关设计思维的探讨日趋成熟，也正是从那时起，
205 我和格洛弗博士开始了相关的讨论。相关学说越来越清晰，[15] 学生也能找到更多资源。[16] 如果我们当初是在 2014 年，而不是 2010 年设计这门创新课程，或许我就能更容易地打消格洛弗博士的疑虑，但这样的话，我们也就不会探索其他途径。我认为这会是一个损失，因为实践证明 CPS 是一个灵活而有用的基础模型，它成功地指导了各行各业的管理学员们进行创新。此外，它比设计思维更通用——它列出了创新过程所需的步骤，但没有太多指令，指示人们具体如何执行这些步骤。它具有整合设计思维方法的能力，从而形成一种混合方法。

简而言之，那些认可设计思维方法价值的教育工作者和管理者也可能会对混合式 CPS - 设计思维模型感兴趣，例如从用户同理心、原型开发等方面开始，但他们也会担忧若全盘接纳设计思维，可能会引起企业受众的困惑，而设计方法移植到非设计的环境也存在诸多挑战。而 CPS 的优势正是在于它可以更好地匹配现有的解决问题的管理方法。

引　注

1 Tim Brown, "Design Thinking," *Harvard Business Review* 86, no. 6 (2008): 86.

2 David Dunne and Roger Martin, "Design Thinking and How It Will Change Management Education: An Interview and Discussion," *Academy of Management Learning and Education* 5, no. 4 (2006): 512.

3 Herbert A. Simon, *The Sciences of the Artificial*, 3rd ed. (Cambridge, MA: MIT Press, 1996).

4 Richard J. Boland and Fred Collopy, "Design Matters for Management," in *Managing as Designing*, ed. R. Boland Jr. and F. Collopy (Stanford, CA: Stanford Business Books, 2004), 3–18.

5 Roger Martin, "The Design of Business," *Rotman Magazine* (Winter 2004): 7–11.

6 Roger Martin, "Designing in Hostile Territory," *Rotman Magazine* (Spring/Summer 2006): 4–9.

7 Sharan B. Merriam et al., *Learning in Adulthood: A Comprehensive Review* (Thousand Oaks, CA: Sage, 2007).

8 Gerard J. Puccio, Marie Mance, and Mary C. Murdock, *Creative Leadership: Skills that Drive Change*, 2nd ed. (Thousand Oaks, CA: Sage, 2011).

9 Scott G. Isaksen and Donald J. Treffinger, "Celebrating 50 Years of Reflective Practice: Versions of Creative Problem Solving," *Journal of Creative Behavior* 38, no. 2 (2004): 75–101; Gerard J. Puccio, Mary C. Murdock, and Marie Mance, "Current Developments in Creative Problem Solving for Organizations: A Focus on Thinking Skills and Styles," *Korean Journal of Thinking and Problem Solving* 15, no. 2 (2005): 43–76.

10 Gerard J. Puccio et al., "A Review of the Effectiveness of CPS Training: A Focus on Workplace Issues," *Creativity and Innovation Management* 15, no. 1 (2006): 20.

11 Sidney J. Parnes, "The Creative Studies Project," in *Frontiers of Creativity Research: Beyond the Basics*, ed. S. G. Isaksen (Buffalo. NY: Bearly Ltd, 1987), 156–88; G. Thompson, "The Reduction in Plant Maintenance Costs Using Creative Problemsolving Principles," in *Proceedings of the Institution of Mechanical Engineers, Part E: Journal of Process Mechanical Engineering* 215, no. 3 (2001): 185–95; Scott G. Isaksen and Donald J. Treffinger, "Celebrating 50 Years of Reflective Practice: Versions of Creative Problem Solving," *Journal of Creative Behavior* 38, no. 2 (2004): 75–101; Puccio et al., "A Review of the Effectiveness of CPS Training".

12 G. D. Hughes, "Add Creativity to Your Decision Processes," *Journal for Quality and Participation* 26, no. 2 (2003): 4–13; C. Newman, "Enhancing Creative Thinking in a Case-Based MBA Course," *Journal of College Teaching and Learning* 1, no. 3 (2004): 27–30.

13 A. Efeoglu et al., "Design Thinking: Characteristics and Promises" (paper presented at the 14th International CINet Conference on Business Development and Co-Creation, 2013), 241–56, http://vbn.aau.dk/ws/files/176789431/cinet_2013_nijmegen_efeoglu_et_al_cinet_version.pdf.

14 Jeanne Liedtka and Tim Ogilvie, *Designing for Growth: A Design Thinking Tool Kit for Managers* (New York: Columbia University Press, 2011).

15 L. Hassi and M. Laakso, "Conceptions of Design Thinking in the Management Discourse," in *Proceedings of the 9th European Academy of Design (EAD)*, Lisbon, 2011. http://www.mindspace.fi/wp-content/uploads/2013/12/HassiLaakso_IASDR_FINAL.pdf; Efeoglu et al., "Design Thinking: Characteristics and Promises"; Ulla Johansson-Sköldberg, Jill Woodilla, and Mehves Çetinkaya, "Design Thinking: Past, Present and Possible Futures," *Creativity and Innovation Management* 22, no. 2 (2013): 121–46.

16 Liedtk and Ogilvie, *Designing for Growth*.

撰稿人简介

戴维德 · 巴里 (Daved Barry)，博士，丹麦哥本哈根商学院管理、政治与哲学系创新组织研究教授。他也是葡萄牙里斯本新大学 (Universidade Nova de Lisboa) 和澳大利亚墨尔本皇家理工大学 (RMIT) 的兼职教授。他曾在里斯本新大学商业和经济学院担任创新组织研究的葡萄牙投资银行 (Banco BPI) 教席教授。他于美国马里兰大学获得管理学博士学位，其研究方向为战略管理和组织行为。他的论著集中在组织发展和设计领域。他的研究兴趣主要是基于设计、艺术和人文的方法来研究管理和组织。他研究如何将设计过程应用于创新、创造、变革、战略、领导力、企业家精神和职场发展。

马西莫 · 比安基尼 (Massimo Bianchini)，意大利米兰理工大学管理、经济和工业工程系研究助理、博士候选人。他的研究主要关注设计与“微型化生产”的关系。他探讨了先进制造、开放和分布式制造，以及新兴创客文化之间的新设计过程。他曾是设计研究学术网络意大利系统设计协会 (Sistema Design Italia，SDI) 的协调团队成员。曾参与“设计研究地图”项目。这一国家项目分析了 2008 年至 2010 年间意大利的设计研究学术活动，于 2011 年获得了意大利工业设计协会 (Associazione per il Disegno Industriale) 第 21 届金圆规奖（设计研究类）。他近期的研究聚焦于意大利设计体系的设计驱动创新，以及设计创业的新形式如何连接城市新兴生产模式、本地生产体系及大专院校。

小理查德 · 博兰 (Richard J. Boland, Jr)，博士，美国俄亥俄州克利夫兰市凯斯西储大学魏德海管理学院管理学教授和设计创新教授。他针对个体如何设计和使用信息开展定性研究。其研究兴趣是人们在解释组织状况或解释报告数据时如何创造意义。他研究了不同条件和职业中的这一诠释过程，尤其关注管理者和咨询师如何将一个不确定的状况转变为问题陈述，并且将一系列特定行动合理化。他采用各种方法，选取不同的视角，包括符号互动论、隐喻、因果图、框架迁移理论、语言游戏和诠释法，来处理这个问题。近期，他专注于将叙述和设计作为认知模式，他认为这些因素主导着我们如何创造意义，但被系统性地低估了。他是《像设计那样管理》(*Managing as Designing*, 2004) 一书的合著者，参与了各届设计商业大会。作为研究室主任，他每学期都会在英国剑桥大学贾奇商学院 (Judge School of Business) 访学几周。他也是剑桥大学西德尼 · 苏塞克斯学院 (Sidney Sussex College, Cambridge) 的访问学者。

理查德·布坎南 (Richard Buchanan)，博士，美国俄亥俄州克利夫兰市凯斯西储大学魏德海管理学院设计创新教授、系主任。2008 年加入魏德海管理学院之前，他在美国卡内基梅隆大学担任设计学院院长、设计学博士项目负责人。在卡内基梅隆大学任职期间，他创立了交互设计硕士和博士教育项目。他拓展了设计应用的理论和实践，撰写并出版了有关交互设计理论和方法的论著。他从事相关教学和实践，并因此而闻名于世。他认为交互设计并不局限于计算机屏幕，而是可以延伸至人际交往及社会生活，延伸至服务设计的新兴领域以及组织和管理设计。基于这一理念，他重新设计了澳大利亚的税务体系，调整了美国邮政的服务产品与信息，也参与了其他咨询工作。加入魏德海管理学院后，他着手研究“群体交互”，围绕“经由设计的管理” (managing by designing) 这一概念来聚焦组织变革和管理教育的发展。近期，他从事的项目主要是战略和服务设计，包括患者体验、信息服务和公共领域设计。他从芝加哥大学著名的跨学科项目：思想分析与方法研究委员会 (the Committee on the Analysis of Ideas and the Study of Methods, “I & M”) 获得了艺术学学士和博士学位。从一开始，他就支持并积极促成设计商业大会。

查尔斯 · 伯内特 (Charles Burnette)，博士，于美国宾夕法尼亚大学获建筑学学士、硕士和博士学位，曾于该校的环境研究院担任研究助理。他曾任美国建筑师协会费城地区的负责人、规划设计与施工跨学科中心的创始负责人、美国得克萨斯大学奥斯汀分校建筑学院院长。凭借杰出的研究和贡献，他当选了美国建筑师协会成员。此外，他还任教于美国费城艺术大学工业设计系，负责工业设计研究生项目，指导了多个企业和政府资助的项目，其中包括高级驾驶互动界面设计 / 评估项目。1994 年，他被设计杂志《i-D》评为对设计影响深远的五位"设计导师"之一。他获得了赫赫有名的皮尤奖学金（艺术领域），在设计管理、设计思维和设计教育等方面论著颇丰。许多学院和企业采用了他提出的基于角色导向的团队问题解决方法。他经常在欧洲的设计院校以及欧盟的国际设计院校联盟 (Cumulus) 设计教育项目中发表演讲。他曾连续十年在原芬兰赫尔辛基设计艺术大学担任设计领导力理事会的成员，还启动了将设计思维引入基础教育的项目。之后他联合主持了设计联系艺术与科学的项目 (Design Link for Art and Science)，该项目由政府资助，通过设计讲授艺术和科学。在为韩国儿童开发设计思维课程时，他创立了 idesignthiking.com 网站作为设计思维教学的资料库。目前伯内特正致力于理解设计思维的神经科学基础。

尤根 · 福斯特 (Jürgen Faust)，博士，现为德国媒体领域最大的私立大学——慕尼黑传媒应用技术大学 (Macromedia University) 的校长，设计和理论专业教授。曾习化学工程和艺术，于普利茅斯大学 (University of Plymouth) 星球学院 (Planetary Collegium) 获设计理论的博士学位。他曾在四个国家担任教授及院长，还是一所德国私立大学的联合创始人。他也曾在意大利米兰的欧洲设计学院 (IED) 担任了七年的战略与发展顾问。在墨西哥，他在蒙特雷市的蒙特雷科技大学 (Monterrey Tecnologico) 担任教授。1999 年至 2006 年间，他在美国克利夫兰艺术学院担任数字媒体教授、数字艺术 (TIME) 系主任和创始人，以及整合媒体环境学院的院长。在数字媒体和具战略意义的设计新领域，他设计了多个研究生和本科生项目。其研究领域聚焦艺术和设计方法论在其他领域的转化应用，尤其关注管理领域中艺术设计方法论对管理模式和能力的提升。他参与了许多国际会议，就商业、设计和管理相关内容出版了多部专著，发表了多篇论文，对设计领域的理论构建做出了贡献。他也曾担任多个商业设计与管理会议的策划人、组织者和联合主席。其中包括在巴塞罗那召开的设计商业大会，该次会议奠定了本书的基础。他还是一名国际艺术家，其作品曾于欧洲及北美的美术馆和博物馆中展出。

肯·弗里德曼 (Ken Friedman)，博士，中国上海同济大学设计创意学院设计创新研究教席教授。2008 年至 2013 年间他担任澳大利亚墨尔本斯威本技术大学 (Swinburne University of Technology) 设计系主任，并在 2012 年被评为设计学杰出教授。

弗里德曼参与制定了澳大利亚、爱沙尼亚、拉脱维亚、立陶宛、挪威和威尔士的国家设计政策，以及澳大利亚维多利亚州的设计政策。他曾在澳大利亚总理和内阁部艺术办公室下设的设计政策制定联邦部际委员会担任顾问，在澳大利亚公共领域设计卓越中心的设计政府 (DesignGov) 试点项目担任国际咨询团队的联合主席。他的研究聚焦于设计、管理和艺术三大领域的交集。他致力于为设计构建理论和研究方法，关注价值创造和经济创新的战略设计。他也是澳大利亚汤斯维尔的詹姆斯库克大学创造艺术学院的兼职教授。

马修·霍伦 (Matthew Hollern)，美国克利夫兰艺术学院 (Cleveland Institute of Art) 艺术学和设计学教授，自 1989 年起在该校讲授珠宝、CAD/CAM/RP 和商业课程。他曾担任该学院的院长(2007—2011)、工艺学科负责人和设计与材料文化系主任 (1997—2005)。他是 Cadlaboration 跨院系合作机构 (www.cadlaboration.com) 的联合创始人，该机构旨在加强教育以及运用数字技术的艺术家之间的实质合作，从而推动艺术与设计领域的持续发展。他在美国威斯康星大学麦迪逊分校 (University of Wisconsin-Madison) 获得了艺术与法语的理学学士学位。大三时，他住在法国普罗旺斯地区艾克斯 (Aix-en-Provence)，就读于艾克斯 - 马赛大学 (Université Aix-Marseille)，还在普罗旺斯地区艾克斯美术学院学习艺术。1989 年，他在

美国天普大学 (Temple University) 泰勒艺术学院获得珠宝 - 金属 - CAD/CAM 领域的艺术硕士学位。从那时开始,他从北美金匠协会 (Society of North American Goldsmiths)、利里基金会 (Lilly Foundation)、约翰 - 马克西恩花艺基金 (The John and Maxeen Flower Fund)、克利夫兰艺术学院、艺术与文化创意工作者社团获得过研究和专业发展基金,并两次从俄亥俄州艺术委员会获得个人艺术家奖。他的作品曾在美国和欧洲展出,并收藏于史密森尼美国艺术博物馆 (Smithsonian American Art Museum) 分馆伦威克美术馆 (Renwick Gallery)、梵蒂冈教廷 · 俄亥俄州工艺博物馆 (the Ohio Crafts Museum)、克利夫兰艺术协会、阿尔卡特 - 斯普林特公司 (Alcatel-Sprint) 等。

沃尔夫冈 · 约纳斯 (Wolfgang Jonas), 博士,曾就读于德国柏林工业大学的船舶学专业,1984 年获博士学位,1994 年获得设计理论的教授资格。他在设计理论与实践领域工作了 20 余年,主要从事设计教学。除了自然科学、人文艺术等领域之外,其研究和论著大多关于设计领域的知识产出。他还进一步探讨方法论,开发社会和经济创新工具,并应用于交通设计。他曾在德国哈雷、不来梅和卡塞尔等地的大专院校担任教授,2010 年起在德国布伦瑞克艺术大学交通设计学院担任设计学教授。目前的研究兴趣包括设计方法论、系统和场景设计,以及经由设计的研究这一概念的理论研究。

萨宾娜·永宁格 (Sabine Junginger), 博士,丹麦科尔丁设计学院 (School of Design Kolding) 副教授。2007 年至 2012 年,她是英国兰卡斯特大学 “想象兰卡斯特” 中心 (ImaginationLancaster) 的创始成员,并在启动 “设计学硕士: 管理与政策” 项目中发挥了关键作用。2009 年,她加入德国柏林赫尔梯行政学院 (Hertie School of Governance)。这是一所国际性大学,培养学生成为政府、商业组织和民间团体的领导者。她的研究探讨如何将以人为中心的活动、方法、原则及实践用于公共和私营组织领域的设计,特别是设计、变革、组织和管理的关系。她拥有设计学硕士学位(传播规划和信息设计)和美国卡内基梅隆大学的设计学博士学位。她参与多次设计商业大会,是本书的合作主编。

卡斯图鲁斯 · 科洛 (Castulus Kolo),博士,先就读于德国慕尼黑大学物理专业,后于瑞士日内瓦欧洲核子研究委员会 (CERN) 完成了博士学位。之后,他还获得了社会与文化人类学的第二个博士学位。他曾在某顶尖管理咨询公司和德国佛朗霍夫协会从事咨询和应用研究,从中积累了丰富经验。2001 年起,他在一家德国大型出版社担任了四年的企业投资管理董事会董事,负责业务拓展与创新。在从事管理工作的同时,他继续学术活动,在多所大学讲授创新管理、传媒和信息技术。2007 年,他在德国慕尼黑传媒应用技术大学担任教授,2008 年任传媒管理教席教授,2013 年担任学术事务副校长和院长。他的论文发表在顶级国际期刊上,主要讨论了在经济、社会和技术的交集中 (媒体) 创新的先决条件、传播与影响。除了学术工作之外,他还担任一些大公司的商业顾问,也是前瞻性机构“未来方向”(Future Directions) 的创始人。

斯特凡诺 · 马菲 (Stefano Maffei),博士,建筑师,意大利米兰理工大学设计学院副教授,主讲服务设计、产品 / 生产系统创新和设计现象学。他也是该校服务设计硕士项目的负责人。目前研究聚焦服务设计创新、本地生产系统的设计驱动式创新、新生产 - 分配模式以及高级分布式微型生产系统。他曾于 2005—2010 年担任意大利系统设计委员会的协调人,负责设计研究地图项目。该国家项目研究了意大利设计学术研究 (2008—2010),于 2011 年获得了意大利工业设计协会第 21 届金圆规奖 (设计研究类)。他也是“庶民 1 号”(Subalterno I) 设计展览馆的设计策展人,该馆是意大利著名的自主设计场景展览馆之一。

斯特凡 · 梅西克 (Stefan Meisiek),博士,丹麦哥本哈根商学院管理、政治与哲学系副教授,中国香港大学访问教授。他在德国柏林自由大学获得硕士学位，在瑞典斯德哥尔摩经济学院获得管理科学博士学位。他曾在美国纽约大学斯登商学院、西班牙 ESADE 商学院、美国斯坦福大学、美国麻省理工大学斯隆商学院、葡萄牙里斯本诺瓦经济工商学院、日本大阪城市大学和澳大利亚麦考瑞大学管理学院做过访问学者。他的研究关注创意团队的领导力以及商业创新。他也曾与多家企业和政府机构合作开展流程创新，帮助高科技企业募集初创资本。最近，他在丹麦哥本哈根商学院建立了工作室，为管理研究和领导力拓展提供创新的学习理念和环境。

克里斯托弗·梅尔德斯 (Christoph Merdes)，用户体验设计师，关注信息架构、信息设计、服务设计和设计思维。他在德国慕尼黑传媒应用技术大学获得了媒体与设计硕士学位(战略设计方向)。就读期间，他开办了一家传媒公司，多次担任会议演讲嘉宾(如关于服务设计)。2012 年起，他加入一家欧洲知名数字企业，任用户体验设计师。他在德国巴登符腾堡州双元制大学 (DHBW) 获得了学士学位，还曾在德国康斯坦斯大学学习过生命科学。

米歇尔·拉斯科 (Michele Rusk) 是一名经验丰富的政府学术顾问和管理咨询师。她拥有设计学学士和 MBA 学位，是美国设计管理学会 (DMI) 和英国市场研究协会 (the Chartered Institute of Marketing) 的会员。她的专长包括企业战略设计管理和创新开发。项目经验涉及新产品和国际市场开发、政府战略和政策制定等多个领域，她还在波兰、俄罗斯、亚美尼亚和乌克兰等从事国际拓展工作。拉斯科在英国贝尔法斯特艺术学院主持开办了设计管理方向。在这之前，她曾是英国阿尔斯特大学创新办公室的咨询主管，也曾就职于英国阿尔斯特商学院，在离开该校 14 年后，她重新回到阿尔斯特大学任职。她在 1994 年成立了一家管理咨询公司——范式转变 (Paradigm Shift)，并担任负责人。她曾是北爱尔兰政府的顾问，担任设计局的副局长，是贝尔法斯特市申请“欧洲文化之都”项目的副主席。米歇尔积极参与了多次国际设计和商业会议,其中最著名的是赫尔辛基全球设计实验室 (the Helsinki Global Design Lab) 会议。

娜迪亚·鲁比 (Nadja Ruby) 与**埃莉萨·施特尔特纳** (Elisa Steltner) 于 2012 年在德国卡塞尔大学完成了产品和系统设计专业的学习。两人的毕业论文探讨了“设计是创业企业成功的因素”。其研究是基于两人在两年前创办鲁比与施特尔特纳公司的经历。一开始,她们对老龄化问题很感兴趣,先研究了社交媒体背景下的年龄问题。但是到了 2012 年,她们开发了一套模拟年龄装置“adit”,可以体验并研究衰老如何影响身体各个部位。现在,这一套组件是她们公司的核心产品。以此为基础,她们开发培训项目,提供给那些对人口结构变化感兴趣的客户。

奥利弗·萨斯 (Oliver Szasz),德国慕尼黑传媒应用技术大学教授。他在该校工作了三年,在媒体与传达设计系和传媒与设计大师学院主讲设计理论、互动媒体、设计伦理和体验设计。主要研究领域包括设计思维、人本设计、设计伦理、民族志研究、体验设计、服务设计、可持续发展、文化研究、哲学和设计理论。在此之前,他曾在南非开普敦担任设计讲师,还在英国伦敦、开曼群岛、西班牙巴塞罗那等地的多个设计机构担任艺术总监。2001 年,他在伦敦成立了自己的跨学科设计工作室。在德国奥格斯堡应用技术大学获得传达设计学士学位之前,他曾在奥格斯堡大学学习过社会学、哲学和政治科学。他以优异的成绩毕业于英国伦敦圣马丁艺术大学,获得文学硕士 (设计研究)。

蒂尔 · 特里格斯 (Teal Triggs),英国伦敦皇家艺术学院传达学院副院长、平面设计教授。她也是澳大利亚墨尔本皇家理工大学媒体与传达学院的兼职教授。她以平面设计史学家、评论家和教育家的身份在各处讲学,出版多部著作,并在国际设计出版物上发表论文。她的研究聚焦设计教育、个人出版和女性主义。著作包括由泰晤士与哈德逊出版社

(Thames & Hudson)出版的杂志《爱好者》(*Fanzines*)、《字体实验:当代字体设计的革新》(*The Typographic Experiment: Radical Innovations in Contemporary Type Design*, 2003)。下一部作品《平面设计读本》(*The Graphic Design Reader*, 2019)与莱斯利·阿兹蒙(Leslie Atzmon)共同编著,由布鲁姆斯伯里出版社(Bloomsbury)出版。她也是《传达设计导报》(*Journal of Communication Design*, Bloomsbury)的主编、《视觉传达》期刊(*Visual Communication*, Sage)的合作主编、《设计问题》(*Design Issues*, MIT Press)的副主编。她是国际字体设计师协会、皇家艺术学院、皇家艺术协会成员。

艾米·兹杜尔卡(Amy Zidulka)在担任助理教员两年后,2003 年以核心教师的身份加入加拿大皇家大学。她的研究聚焦职场创造力,将批判性思维、沟通和管理教育结合起来。她拥有加拿大卡尔加里大学教育学博士学位、加拿大维多利亚大学的英语硕士学位、加拿大康考迪亚大学的英语和写作学士学位,以及加拿大麦吉尔大学的建筑学学士学位。她的博士论文研究组织学习、创造力和创新。在受聘于加拿大皇家大学之前,她是一位职业艺术家,专门绘制阿拉斯加渔船。她也是一位经国际教练学会认证的生活教练,还因卓越的教学能力获得过加拿大皇家大学 MBA 专业素质及敬业奖。

致谢

从事设计与管理相关研究者和实践者的队伍日益壮大。有了他们长期的努力，我们得以站在了他们的肩膀之上，编著本书。过去几年，我们与他们陆续相识。仅用一本书确实无法记录下这一领域内所有的重要成就。本书有着许多不足。这个领域不断发展，我们尽了最大的努力，仍无法尽述其详。我们要感谢每一位认真思考设计商业管理，或将这些想法付诸实践的人。正因为他们，这场对话才得以进行，且富有意义，本书也试图推进这一对话。我们要特别感谢小理查德·博兰教授、理查德·布坎南教授、肯·弗里德曼教授，他们从一开始就积极投身于这一领域。中国江南大学设计学院的辛向阳教授也给予了很多支持。当然，如果最初没有欧洲设计学院 (IED) 的参与，之后没有德国慕尼黑传媒应用技术大学的支持，这本书也无法完成。最后，我们要感谢布鲁姆斯伯里 (Bloomsbury) 出版社的丽贝卡·巴登 (Rebecca Barden) 和阿比·沙曼 (Abbie Sharman)，谢谢他们一直以来的耐心和鼓励。感谢大家。

参考文献

Abbing, Erik Roscam, and Robert Zwamborn. "Design the New Business." Rotterdam: Zilver Innovation, 2012. http://www.designthenewbusiness.com.

Adams, James L. *Conceptual Blockbusting: A Guide to Better Ideas*. New York: Penguin Books, 1974.

Allen, Robert C. "The British Industrial Revolution in Global Perspective: How Commerce Created the Industrial Revolution and Modern Economic Growth." Unpublished paper, Nuffield College, Oxford, 2006.

Anderson, Chris. *The Long Tail: Why the Future of Business is Selling Less of More*. NewYork: Hyperion, 2006.

Andersson, Thomas, Piero Formica, and Martin G. Curley. *Knowledge-Driven Entrepreneurship: The Key to Social and Economic Transformation*. New York: Springer, 2010.

Argyris, C., and D. Schön. *Organizational Learning II: Theory, Method, and Practice*. Reading, MA: Addison Wesley, 1996.

Arquilla, Venanzio, Massimo Bianchini, and Stefano Maffei. "Designer = Enterprise: A New Policy for the Next Generation of Italian Designers." In *Proceedings of the Tsinghua-DMI International Design Management Symposium*, Hong Kong, December 3–5, 2011.

Artiz, Jolanta, and Robyn C. Walker, eds. *Discourse Perspectives on Organizational Communication*. Plymouth, UK: Fairleigh Dickinson University Press.

Austin, Robert, and Richard Nolan. "Bridging the Gap Between Stewards and Creators." *MIT Sloan Management Review* 48, no. 2 (2007): 29–36.

Avital, Michel, and Richard J. Boland. "Managing as Designing with a Positive Lens." In *Advances in Appreciative Inquiry*, Vol. 2, edited by R. J. Boland Avital and D. L. Cooperrider, 10. Oxford: Elsevier, 2008.

Baden-Fuller, Charles, and M.S. Morgan. "Business Models as Models." *Long Range Planning* 43, No. 2/3 (2010): 156–71.

Baldwin, Carliss, and Eric von Hippel. "Modeling a Paradigm Shift: From Producer Innovation to User and Open Collaborative Innovation." Working Paper, Cambridge, MA: MIT Sloan School of Management, 2009. http://papers.ssrn.com/sol3/papers.

Barnard, C. I. *The Functions of the Executive*. Cambridge, MA: Harvard University Press, 1968.

Barry, Daved, and Stefan Meisiek. "Seeing More and Seeing Differently: Sensemaking, Mindfulness and the Workarts." *Organization Studies* 31, no. 11 (2010): 1505–30.

Barry, David. "Artful Inquiry: A Symbolic Constructionist Framework for Social Science Research." *Qualitative Inquiry* 2, no. 4 (1997): 411–38.

Barry, David. "Making the Invisible Visible: Using Analogically-Based Methods to Surface the Organizational Unconscious." *Organizational Development Journal* 12, no. 4 (1994): 37–49.

Bason, C. *Design for Policy*. Farnham, UK: Ashgate/Gower, 2014.

Bason, Christian. *Leading Public Sector Innovation: Co-creating for a Better Society*. Bristol: Policy Press, 2010.

Bauwens, M. "Peer to Peer and Human Evolution." *Foundation for P2P Alternatives*, 2007. www.p2pfoundation.net.

Benkler, Y. *The Wealth of Networks: How Social Production Transforms Markets and Freedom*. New Haven, CT: Yale University Press, 2006.

Berry, Wendell. *The Gift of Good Land: Further Essays Cultural and Agricultural*. Berkeley, CA: Counterpoint Press, 1981.

Bianchini, Massimo, and Stefano Maffei. "Microproduction Everywhere: Defining the Boundaries of the Emerging New Distributed Microproduction Socio-technical Paradigm." *NESTA Social Frontiers Conference* (2013): 4–6.

Bilton, Chris, and Lord Puttnam. *Management and Creativity: From Creative Industries to Creative Management*. Oxford: Blackwell, 2006.

Blyth, Simon, Lucy Kimbell, and Taylor Haig. "Design Thinking and the Big Society: From Solving Personal Troubles to Designing Social Problems: An Essay Exploring What Design Can Offer Those Working on Social Problems and How It Needs to Change." http://www.taylorhaig.co.uk/assets/taylorhaig_designthinkingandthebigsociety.pdf.

Boland, R., A. Sharma, and P. Alfonso. "Designing Management Control in Hybrid Organizations: The Role of Path Creation and Morphogenesis." *Accounting, Organizations and Society* 33 (2008): 899–914.

Boland, Richard J., and Fred Collopy. "Design Matters for Management." In *Managing as Designing*, edited by R. Boland Jr. and F. Collopy, 3–18. Stanford, CA: Stanford Business Books, 2004.

Boland, Richard, and Fred Collopy, eds. *Managing as Designing*. Palo Alto, CA: Stanford Business Books, 2004.

Borja de Mozota, B. "Design Economics—Microeconomics and Macroeconomics: Exploring the Value of Designers' Skills in Our 21st Century Economy." Paper presented at the 1st International Symposium CUMULUS // DRS for Design Education Researchers, Paris, May 18–19, 2011. http://www.designresearchsociety.org/docs- procs/paris11.

Boyer, Bryan, and Justin W. Cook. *Creating New Opportunities and Exposing Hidden Risks in the Health-care Ecosystem*. Helsinki: Sitra, the Finnish Innovation Fund, 2012.

Boyer, Bryan, and Justin W. Cook. *From Shelter to Equity*. Helsinki: Sitra, the Finnish Innovation Fund, 2012.

Boyer, Bryan, and Justin W. Cook. *Thinking Big by Starting Small: Designing Pathways to Successful Waste Management in India and Beyond*. Helsinki: Sitra, the Finnish Innovation Fund, 2012.

Boyer, Bryan, Justin W. Cook, and Marco Steinberg. *In Studio: Recipes for Systemic Change*. Helsinki: Sitra, the Finnish Innovation Fund, 2011.

Boyer, Bryan, Justin W. Cook, and Marco Steinberg. *Legible Practices*. Helsinki: Sitra, the Finnish Innovation Fund, 2013.

Briggs, L. "The Boss in the Yellow Suit or Leading Service Delivery Reform." Unpublished Valedictory Address on July 7, 2011.

Brown, M. "Tate Modern Announces Huge Sponsorship Deal with Huyndai." *The Guardian*, January 20, 2014. http://www.theguardian.com/artanddesign/2014/jan/20/tate- modern-sponsorship- deal-hyundai.

Brown, T. "Design Thinking," *Harvard Business Review* 86, no. 6 (2008): 84–92.

Brown, Tim. "Design Renews Its Relationship with Science." In *Design Thinking*, Thoughts, edited by Tim Brown. Category: Science and Design, 2011. http://designthinking.ideo.com/?cat=199.

Brown, Tim. "Design Thinking." *Harvard Business Review* 86, no. 6 (2008): 84–92.

Brown, Tim. *Change by Design: How Design Thinking Transforms Organizations and Inspires Innovation*. New York: Harper Business, 2009.

Brown, Valerie A., John Alfred Harris, and Jacqueline Y. Russell. *Tackling Wicked Problems through the Transdisciplinary Imagination*. London: Earthscan, 2010.

Browne, Tom, Roger P. Hewitt, Martin Jenkins, and Julie Voce. "2010 Survey of Technology Enhanced Learning for Higher Education in the UK." *Oxford: UCISA* 86, no. 6 (2008). http://www.ucisa.ac.uk/~/media/groups/ssg/surveys/TEL%20survey%202010_FINAL.ashx.

Buber, Martin. *Martin Buber on Psychology and Psychotherapy: Essays, Letters and Dialogue*. Syracuse, NY: Syracuse University Press, 1999.

Buchanan, Richard. "Design Research and the New Learning." *Design Issues* 17, no. 4 (2001): 3–23.

Buchanan, Richard. "Wicked Problems in Design Thinking." *Design Issues* 8, no. 2 (1992): 5–21.

Buchheim, Christoph. *Einführung in die Wirtschaftsgeschichte*. Munich: C. H. Beck, 1997.

Burke, Anthony. "Paola Antonelli Interview: 'Design has been misconstrued as decoration.'" The Conversation, December 5, 2013. http://theconversation.com/paola- antonelli-interviewdesign- has- been-construed- as-decoration-21148.

Burnette, Charles, and W. Schaaf. *Issues in Using Jack Human Figure Modeling to Assess Human-Vehicle Interaction in a Driving Simulator. Transportation Research Record No. 1631, Transportation Research Board, National Research Council*. Washington, DC: National Academy Press, 1998.

Burnette, Charles. "A Role-Oriented Approach to Problem-Solving." In *Group Planning and Problem-Solving Methods in Engineering Management*, edited by S. A. Olsen. New York: John Wiley, 1982. http://independent.academia.edu/charlesburnette/.

Burnette, Charles. "A Theory of Design Thinking." Prepared in response to the Torquay Conference on Design Thinking, Swinburne University of Technology, Melbourne, Australia, November 1, 2009. http://www.academia.edu/209385/A_Theory_of_Design_Thinking.

Burnette, Charles. "Designing a Company: Report from The Savitaipale Workshop." *Form Function Finland, Helsinki: Finnish Society of Crafts and Design/Design Forum Finland 1* (1993): 14–17.

Burton, Richard, B. Obel, and G. DeSanctis. *Organizational Design: A Step- by-Step Approach*. Cambridge: Cambridge University Press, 2011.

Business Week. "Tomorrow's B-School? It Might Be a D-School." *Special Report*, 2005. http://www.businessweek.com/magazine/content/05_31/b3945418.htm.

Butcher, John. "Off-Campus Learning and Employability in Undergraduate Design: The Sorrell Young Design Project as an Innovative Partnership." *Art, Design & Communication in Higher Education* 7, no. 3 (2008): 171–84.

Butler-Bowdon, T. *The Art of War by Sun Tzu. New York: John Wiley*, 2010.

Buur, Jacob, and B. Matthews. "Participatory Innovation." *International Journal of Innovation Management* 12, no. 3 (2008): 255–73.

Buur, Jacob, and Robb Mitchell. "The Business Modeling Lab." In *Proceedings of the Participatory Innovation Conference 2011*. Sønderborg, Denmark, 2011.

Cassirer, Ernst. *An Essay on Man: An Introduction to a Philosophy of Human Culture*. New Haven, CT: Yale University Press, 1944.

Christensen, Clayton M., and Michael Overdorf. "Meeting the Challenge of Disruptive Change." *Harvard Business Review* 78, no. 2 (2000): 66–76.

Chubb, J. "Presentation on Knowledge Exchange and Impact." *PowerPoint presentation*, University of York.

Churchman, C. West. "The Artificiality of Science—Book Review of Herbert A. Simon, *The Sciences of the Artificial*." *Contemporary Psychology* 15, no. 6 (1970): 385–86.

Churchman, Charles West. *Challenge to Reason*. New York: McGraw Hill, 1968.

Citurs, Alex. *Changes in Team Communication Patterns: Learning during Project Problem/ Crisis Resolution Phases: An Interpretative Perspective*. PhD thesis, Weatherhead School of Management, Case Western Reserve University, 2002.

Coase, R. H. "The Nature of the Firm." In *The Firm, The Market, and the Law*, 386–405. Chicago, IL: University of Chicago Press, 1937.

Cohen, Michael D., J. G. March, and J. P. Olsen. "A Garbage Can Model of Organizational Choice." *Administrative Science Quarterly* 17, no. 1 (1972): 1–25.

Colby, Anne, Thomas Ehrlich, William M. Sullivan, and Jonathan R. Dolle. *Rethinking Undergraduate Business Education: Liberal Learning for the Profession*. San Francisco, CA: Jossey-Bass, 2011.

Colini, S. ed., *Mill John Stuart: On Liberty and Other Writings*. Cambridge: Cambridge University Press, 1989.

Collins, Jim. *Good to Great: Why Some Companies Make the Leap and Others Don't*. London: Random House, 2001.

Corning, Peter A. "Complexity is Just a Word." *Technological Forecasting and Social Change* 59, no. 2 (1998): 200.

Corporate Design Foundation. "Getting a Grip on Kitchen Tools." *@issue: The Journal of Business and Design* 2, no. 1 (1996): 16–24. https://www.sappietc.com/sites/default/files/ At-Issue-Vol2-No1.pdf.

Crafts, Nicholas FR. *British Economic Growth during the Industrial Revolution*. Oxford: Oxford University Press, 1985.

Cross, Nigel. "Designerly Ways of Knowing." *Design Studies* 3, no. 4 (1982): 221–27.

Cross, Nigel. *Designerly Ways of Knowing*. New York: Springer, 2006.

Curedale, R. *Design Methods 1: 200 Ways to Apply Design Thinking*. Topanga, CA: Design Community College, 2012.

Curedale, R. *Design Methods 2: 200 More Ways to Apply Design Thinking*. Topanga, CA: Design Community College, 2013.

D. A. Kolb et al., "Strategic Management Development: Experiential Learning and Managerial Competencies," in *Creative Management*, edited by J. Henry and D. Walker (London: Sage/ The Open University, 1991), 221–31.

Daft, Richard. *Organizational Theory and Design*. New York: Cengage Learning, 2012.

Davila, Tony, and Marc J. Epstein, eds. *The Creative Enterprise: Managing Innovative Organizations and People*. Westport, CT: Praeger, 2006.

Dean, Burton Victor, and Joel D. Goldhar. *Management of Research and Innovation*. New York: North Holland, 1980.

Deming, W. E. "The New Economics for Industry." In *Government, Education*. Cambridge, MA: MIT, Center for Advanced Engineering Study, 1993.

Deming, W. *Out of Crisis*, Cambridge. MA: MIT Centre for Advanced Educational Services, 1982.

Dewey, J. "Common Sense and Science: Their Respective Frames of Reference." *Journal of Philosophy* 45, no. 8 (1948): 197–208.

Dewey, John. *Art as Experience*. New York: Minton, Balch & Co., 1934.

Doorley, Scott, and Scott Witthoft. *Make Space: How to Set the Stage for Creative Collaboration*. New York: John Wiley, 2012.

Dormer, Peter. *The Culture of Craft*. Manchester University Press, Manchester, 1997.

Drucker, P. *Innovation and Entrepreneurship*. London: Routledge, 2012.

Drucker, Peter. *Essential Drucker*. Oxford: Butterworth-Heinemann, 2001.

Dunne, David, and Roger Martin. "Design Thinking and How It Will Change Management Education: An Interview and Discussion." *Academy of Management Learning and Education* 5, no. 4 (2006): 512–23.

Efeoglu, A., et al. "Design Thinking: Characteristics and Promises." Paper presented at the 14th International CINet Conference on Business Development and Co-Creation, 2013, 241–56. http://vbn.aau.dk/ws/files/176789431/cinet_2013_nijmegen_efeoglu_et_al_cinet_version.pdf.

Ehn, P. *Work-Oriented Design of Computer Artifacts*. Hillsdale, NJ: Lawrence Erlbaum Associates, 1988.

Emmott, S. *Ten Billion*. New York: Vintage Books, 2013.

Eppel, E., D. Turner, and A. Wolf. "Future State 2." Unpublished Working Paper 11/04.

Falk, R. *The Business of Management*. London: Penguin Books, 1961.

Faust, J. *Discursive Designing Theory: Towards a Theory of Designing Design*. Plymouth, UKT: University of Plymouth, 2015. http://pearl.plymouth.ac.uk/handle/10026.1/3210?show=full.

Faust, J., and V. Auricchio, eds. *Design for (Social) Business*. Milan: Lupetti, 2011.

Fayol, Henri. *General and Industrial Management*. Eastford, CT: Martino, 1916.

Florida, R. *The Rise of the Creative Class: And How It's Transforming Work, Leisure, Community and Everyday Life*. New York: Basic Books, 2002.

Follett, Mary Parker. *Creative Experience*. Eastford, CT: Martino, 1924.

Follett, Mary Parker. *Dynamic Administration: The Collected Papers of Mary Parker Follett. Edited by Henry Metcalf and Lionel Urwick*. Eastford, CT: Martino, 1941.

Follett, Mary Parker. *The New State: Group Organization, the Solution for Popular Government*. Pittsburgh, PA: Pennsylvania State University Press, 1918.

Follett, Mary Parker. *The Speaker of the House of Representatives*. New York: Longman Green & Co, 1896.

Foucault, M. *The Archeology of Knowledge and the Discourse on Language*. Translated by A. M. Sheridan Smith. New York: Pantheon Books, 1972.

Fox, Edward. *Obscure Kingdoms*. London: Penguin, 1995.

Fraser, Heathe. "Designing Business: New Models for Success." *Design Management Review* 20, no. 2 (2009): 57–65.

Frederick, Taylor. *The Principles of Scientific Management*. New York: W. W. Norton, 1911.

Friedman, Ken. "Design Science and Design Education." In *The Challenge of Complexity*, edited by P. McGrory, 54–72. Helsinki: University of Art and Design Helsinki UIAH, 1997.

Friedmann, John. "The Public Interest and Community Interest." *Journal of the American Institute of Planners* 39, no. 1 (1973): 2–7.

Garud, R., J. Sanjay and P. Tuertscher. *"Incomplete by Design and Designing for Incompleteness." Organization Studies* 29, no. 3 (2008): 351–71.

Gershenfeld, Neil. *Fab: The Coming Revolution on Your Desktop—from Personal Computers to Personal Fabrication*. New York: Basic Books, 2007.

Glanville, Ranulph. "An Observing Science." *Foundations of Science* 6, no. 1/3 (2001): 45–75.

Glanville, Ranulph. "Try Again. Fail Again. Fail Better: The Cybernetics in Design and the Design in Cybernetics." *Kybernetes* 36, no. 9/10 (2007): 1173–1206.

Gorb, P., and A. Dumas. "Silent Design." *Design Studies* 8, no. 3 (1987): 150–56.

Granovetter, Mark Paris. "The Strength of Weak Ties." *American Journal of Sociology* 78, no. 6 (1973): 1360–80.

Green Car Congress. "Hyundai to Offer Tucson Fuel Cell Vehicle to LA-area Retail Customers in Spring 2014." In *Green Car Congress: Energy, Technologies, Issues and Policies for Sustainable Mobility*, 2014. http://www.greencarcongress.com/2013/11/20131121-fcvs.html.

Halberstam, D. *The Reckoning*. New York: Avon Books, 1987.

Handy, Charles. *The Age of Unreason: New Thinking for a New World*. London: Random House, 1989.

Hassi, L., and M. Laakso. "Conceptions of Design Thinking in the Management Discourse." In *Proceedings of the 9th European Academy of Design (EAD)*, Lisbon, 2011. http://www.mindspace.fi/wp-content/uploads/2013/12/HassiLaakso_IASDR_FINAL.pdf.

Haustein, Thomas, and Johanna Mischke. Ältere *Menschen in Deutschland und der EU*. Wiesbaden: Statistisches Bundesamt, 2011.

HEFCE. *Effective Practice in a Digital Age: A Guide to Technology-Enhanced Learning and Teaching*. London: HEFCE, 2009. http://www.webarchive.org.uk/wayback/archive/20140615094835/http://www.jisc.ac.uk/media/documents/publications/effectivepracticedigitalage.pdf.

Henry, Jane, and David Walker, *Managing Innovation*. London: Sage, 1991.

Hill, Dan. *Dark Matter and Trojan Horses: A Strategic Design Vocabulary*. Helsinki: Strelka Press [Kindle Edition], 2012.

Hobday, Mike, Anne Boddington and Andrew Grantham. "An Innovation Perspective on Design: Part 1." *Design Issues* 27, no. 4 (2011): 5–15. DOI: https://doi.org/10.1162/DESI_a_00101.

House of Commons Science and Technology Committee. "Research Council Support for Knowledge Transfer." *Third Report of Session 2005–06, Volume* 1. London: The Stationery Office, 2006.

Hughes, G. D. "Add Creativity to Your Decision Processes." *Journal for Quality and Participation* 26, no. 2 (2003): 4–13.

Irgens, Eirik J. "Art, Science and the Challenge of Management Education." *Scandinavian Journal of Management* 30 (2014): 86–94.

Isaacson, Walter. *Steve Jobs*. New York: Simon & Schuster, 2011.

Isaksen, Scott G., and Donald J. Treffinger. "Celebrating 50 Years of Reflective Practice: Versions of Creative Problem Solving." *Journal of Creative Behavior* 38, no. 2 (2004): 75–101.

JISC. "In Their Own Words: Exploring the Learner's Perspective on e-Learning." *JISC*, 2010. http:// www.jisc.ac.uk/elearning.

Johansen, Robert. *Leaders Make the Future: Ten New Leadership Skills for an Uncertain World*, 2nd ed. San Francisco, CA: Berrett-Koehler, 2007.

Johansson-Sköldberg, Ulla, Jill Woodilla, and Mehves Çetinkaya. "Design Thinking: Past, Present and Possible Futures." *Creativity and Innovation Management* 22, no. 2 (2013): 121–46.

Johnson, Mark W., C.M. Christensen, and H. Kagermann. "Reinventing Your Business Model." In *Harvard Business Review on Business Model Innovation*. Boston, MA: Harvard Business Press, 2010.

Jonas, Wolfgang. "Design | Business—10 Remarks Regarding a Delicate Relation." Provocation statement, Design Business Conference, Barcelona, November 16–18, 2011.

Jonas, Wolfgang. "Schwindelgefühle—Design Thinking as General Problem Solver?" Paper presented to the EKLAT Symposium, Berlin, Germany, May 3, 2001.

Jones, John Chris. *Design Methods*, 2nd ed. Chichester, UK: John Wiley, 1992.

Junginger, S. "Organizational Design Legacies and Service Design," *The Design Journal* 18, no. 2 (2015): 209–26.

Kang, S. "Presentation: Hyundai Motor Company." *Royal College of Art*, London, October 14, 2013.

Kanter, Rosabeth Moss. *Frontiers of Management*. Boston, MA: Harvard Business Review, 1997.

Kanter, Rosabeth Moss. *When Giants Learn to Dance: The Definitive Guide to Corporate Success*. New York: Touchstone Simon & Schuster, 1989.

Keller, Scott, and Colin Price. *Beyond Performance: How Great Organizations Build Ultimate Competitive Advantage*. New York: John Wiley, 2011.

Kelley, T., and J. Littman. *The Art of Innovation: Lessons in Creativity from IDEO, America's Leading Design Firm*. New York: Crown Business, 2001.

Khanna, Ayesha, and P. Khanna. *Hybrid Reality: Thriving in the Emerging Human-Technology Civilizations*. New York: TED Books, 2012.

Kiechel, W. *The Lords of Strategy*. Boston, MA: Harvard Business Review Press, 2010.

Kim, M. "A Car Named Desirable: The Bumpy Road Ahead in Marketing Cars to Gen Y." In *The Horse is Dead, Long Live the Horse*, edited by RCA. London: Royal College of Art, 2014.

Kim, Youngwook, Youngho Lee, Gyoungsoo Kong, Hyunjung Yun, and Sukgwon Chang. "A New framework for Designing Business Models in Digital Ecosystem." In *Proceedings of the 2nd IEEE International Conference* (2008), 281–87.

Kimbell, Lucy, and Joe Julier. *Social Design Methods Menu*. London: Fieldstudio, 2012.

Kimbell, Lucy. "Rethinking Design Thinking: Part 1." *Design and Culture* 3, no. 3 (2011): 285–306.

Kimbell, Lucy. "Rethinking Design Thinking: Part 2." *Design and Culture* 4, no. 2 (2012): 129–48.

Kitson, Michael, and Jocelyn Probert. *Hidden Connections: Knowledge Exchange between the Arts and Humanities and the Private, Public and Third Sectors*. Swindon: AHRC and Centre for Business Research, 2011.

Kobryn, Cris. "Modeling Components and Frameworks with UML." *Communications of the ACM* 43, no. 10 (2000): 31–38.

Koppel, T., and J. Smith. "The Deep Dive: One Company's Secret Weapon for Innovation." *ABC News, Nightline Series*. Princeton, NJ: Films for the Humanities & Sciences, 1999.

Kotter, J. P. *Leading Change*. Boston, MA: Harvard Business Review Press, 2012.

Krippendorff, Klaus. "A Trajectory of Artificiality and New Principles of Design for the Information Age." In *Design in the Age of Information: A Report to the National Science Foundation (NSF)*, edited by K. Krippendorff, 91–96. Raleigh, NC: School of Design, North Carolina State University,1997.

Krippendorff, Klaus. "Redesigning Design: An Invitation to a Responsible Future." In *Design: Pleasure or Responsibility*, edited by P. Tahkokallio and S. Vihma, 138–62. Helsinki: University of Art and Design, 1995.

Krippendorff, Klaus. "The Cybernetics of Design and the Design of Cybernetics." *Kybernetes* 36, no. 9/10 (2007): 1381–92.

Krippendorff, Klaus. *The Semantic Turn: A New Foundation for Design*. Boca Raton, FL.: CRC Press, 2006.

Kuhn, Thomas S. *The Structure of Scientific Revolutions, 50th anniversary edition*. Chicago, IL: University of Chicago Press, 1962.

Kumar, Vijay. *101 Design Methods: A Structured Approach to Innovation in Your Organization*. New York: John Wiley, 2013.

Latour, Bruno. *Wir sind nie modern gewesen: Versuch einer symmetrischen Anthropologie*. Frankfurt am Main: Fischer, original published in French 1991.

Lave, Jean, Etienne Wenger, and Etienne Wenger. *Situated Learning: Legitimate Peripheral Participation*. Cambridge: Cambridge University Press, 1991.

Lawson, Bryan. *How Designers Think: The Design Process Demystified*, 4th ed. Oxford: Architectural Press, 2006.

Lee, Patrick. "In Today's World, do Liberal Arts Matter?" *Yale Daily News*, March 6, 2009. http:// www.yaledailynews.com/news/2009/mar/06/in- todays-world- do-liberal- arts-matter.

Leitch, Lord S. *Leitch Review: Prosperity for all in the Global Economy—World Class Skills*. London: The Stationery Office, 2006.

Liedtka, J., and T. Ogilvie. *Designing for Growth: A Design Thinking Tool Kit for Managers*. New York: Columbia Business Press, 2011.

Liedtka, Jeanne, and Henry Mintzberg. "Time for Design." *Design Management Review* 17, no. 2 (2006): 10–18.

Liedtka, Jeanne, and Tim Ogilvie. *Designing for Growth: A Design Thinking Tool Kit for Managers*. New York: Columbia University Press, 2011.

Luhmann, Niklas. *Soziale Systeme*. Frankfurt am Main: Suhrkamp, 1987.

Lynam, Timothy, Raphaël Mathevet, M. Etienne, S. Stone-Jovicich, A. Leitch, Natalie A. Jones, H. Ross, D. D. Toit, S. Pollard, H. Biggs, P. Perez. "Waypoints on a Journey of Discovery: Mental Models in Human-Environment Interactions." *Ecology and Society* 17, no. 3 (2012): 23.

Machiavelli, N. *The Prince*. New York: Penguin Classics, 1513.

Magretta, Joan. "Why Business Models Matter." In *Harvard Business Review on Business Model Innovation*. Boston, MA: Harvard Business Press, 2010.

Malik, Fredmund. *Strategie des Managements komplexer Systeme: Ein Beitrag zur Management-Kybernetik evolutionärer Systeme*. Bern: Haup, 2008.

Malone, Thomas W., Peter Weill, Richard K. Lai, Victoria T. D'Urso, George Herman, Thomas G. Apel, and Stephanie L. Woerner. "Do Some Business Models Perform Better than Others? A Study of the 1000 Largest US Firms." Unpublished, MIT Center for Coordination Science Working Paper, 2005.

Manzini, Ezio. "Design Schools as Agents of (Sustainable) Change." Paper presented at the 1st International Symposium CUMULUS // DRS for Design Education Researchers, Paris, May 18–19, 2011. http://www.designresearchsociety.org/docs- procs/paris11.

Martin, Roger L. *Design of Business: Why Design Thinking Is the Next Competitive Advantage*. Boston, MA: Harvard Business Press, 2009.

Martin, Roger L. *The Design of Business: Why Design Thinking is the Next Competitive Advantage*. Cambridge, MA: Harvard Business School Press, 2009.

Martin, Roger L. *The Opposable Mind: How Successful Leaders Win through Integrative Thinking*. Boston, MA: Harvard Business Press, 2007.

Martin, Roger. "Designing in Hostile Territory." *Rotman Magazine* (Spring/Summer 2006): 4–9.

Martin, Roger. "The Design of Business." *Rotman Magazine* (Winter 2004): 7–11.

Meisiek, Stefan, and Mary Jo Hatch. "This Is Work, This Is Play." In *Handbook of New and Emerging Approaches to Management and Organization*, edited by D. Barry and H. Hansen. London: Sage, 2008.

Merriam-Webster, Inc. *Merriam-Webster's Collegiate Dictionary*, 10th ed. Springfield, MA: Merriam-Webster, 1993.

Merriam, Sharan B., Rosemary S. Caffarella, and Lisa M. Baumgartner. *Learning in Adulthood: A Comprehensive Review*. Thousand Oaks, CA: Sage, 2007.

Meyer, Erik, and Ray Land. "Threshold Concepts and Troublesome Knowledge: Linkages to Ways of Thinking and Practising within the Disciplines." Report from Occasional Report 4: Enhancing Teaching-Learning Environments in Undergraduate Courses, 2003. http://www.leeds.ac.uk/educol/documents/142206.pdf.

Meyer, Jan H. F., and Ray Land. "Threshold Concepts and Troublesome Knowledge: An Introduction." In *Overcoming Barriers to Student Understanding: Threshold Concepts and Troublesome Knowledge*, edited by J. Meyer and R. Land, 19–32. London: Routledge, 2006.

Michlewski, K. "Uncovering Design Attitude: Inside the Culture of Designers." *Organization Studies* 29 (2008): 373–92.

Mintzberg, Henry, and James Waters. "Of Strategies, Deliberate and Emergent." *Strategic Management* Journal 6 (1985): 257–62.

Mistry, Nisha, and Joan Byron. *The Federal Role in Supporting Urban Manufacturing*. New York: Pratt Center for Community Development, 2011.

Moholy-Nagy, L. *Vision in Motion*. Chicago, IL: Paul Teobald, 1947.

Mokyr, Joel. "The Rise and Fall of the Factory System: Technology, Firms, and Households since the Industrial Revolution." *Carnegie-Rochester Conference Series on Public Policy* 55 (2001): 1–45.

Moore, Karl, and David Lewis. *Birth of the Multinational: 2000 Years of Ancient Business History—From Ashur to Augustus*. Copenhagen: Copenhagen Business School Press, 1999.

Morgan, G. *Images of Organizations*. Thousand Oaks, CA: Sage, 2006.

Mulgan, G. *Connexity: How to Live in a Connected World*. Boston, MA: Harvard Business School Press, 1997.

Mulgan, Geoff, *Social Silicon Valleys: A Manifesto for Social Innovation*. London: The Young Foundation, 2006.

Musashi, Miyamoto. *The Book of Five Rings (With Family Traditions on the Art of War by Yagyu Munenori)*. Translated by Thomas Cleary. Boston, MA: Shambhala, 1982.

Nanda, Ashish. *Walt Disney's Dennis Hightower: Taking Charge*. Boston: Harvard Business School Publishing, 1996.

Nelson, G. *Problems of Design*, 4th ed. New York: Watson-Guptill Publications, 1979.

Nelson, H., and E. Stolterman. *The Design Way: Intentional Change in an Unpredictable World*, 2nd ed. Cambridge, MA: MIT Press, 2012.

Newman, C. "Enhancing Creative Thinking in a Case-Based MBA Course." *Journal of College Teaching and Learning* 1, no. 3 (2004): 27-30.

Newman, Damien. "The Short Happy Life of Design Thinking." *Print* 65, no. 4 (2011): 44-45.

Nicolescu, Basarab. *Transdisciplinarity: Theory and Practice*. New York: Hampton Press, 2008.

Norman, Donald A. *Living with Complexity*. Cambridge, MA: MIT Press, 2011.

Nussbaum, B. "4 Reasons Why the Future of Capitalism is Homegrown, Small Scale, and Independent." *FastCompany*, 2012.

Nussbaum, Bruce. "Design Thinking is a Failed Experiment: So What's Next?" *Co-Design*, 2011. http://www.fastcodesign.com/1663558/.

Osterwalder, Alexander, and Yves Pigneur. *Business Model Generation: A Handbook for Visionaries, Game Changers, and Challengers*. New York: John Wiley, 2010.

Osterwalder, Alexander, Yves Pigneur, and Christopher L. Tucci. "Clarifying Business Models: Origins, Present, and Future of the Concept." *Communications of the Association for Information Systems* 16, no.1 (2005): 17.

Osterwalder, Alexander. *The Business Model Ontology: A Proposition in a Design Science Approach*. Université de Lausanne, Ecole des Hauted Etudes Commerciales, 2004.

Oudshoorn, Nelly, and Pinch Trevor. "Introduction: How Users and Non-Users Matter," in *How Users Matter: The Co-construction of Users and Technologies*, edited by N. Oudshoorn and T. Pinch, 1-28. Cambridge, MA: MIT Press, 2003.

Outram, Dorinda. *The Enlightenment: New Approaches to European History*, 2nd ed. Cambridge: Cambridge University Press, 2005.

Padgett, John. F. "Managing Garbage Can Hierarchies." *Administrative Science Quarterly* 25, no. 4 (1980): 583-604.

Palsson, Gisli, B. Szerszynski, S. Sörlin, J. Marks, B. Avril, C. Crumley, H. Hackmann, P. Holm, J. Ingram, A. Kirman et al. "Reconceptualizing the 'Anthropos' in the Anthropocene: Integrating the Social Sciences and Humanities in Global Environmental Change Research." *Environmental Science and Policy* 28 (2013): 3-13.

Parnes, Sidney J. "The Creative Studies Project." In *Frontiers of Creativity Research: Beyond the Basics*, edited by S. G. Isaksen, 156-88. Buffalo. NY: Bearly Ltd, 1987.

Pekka, Himanen, Torvalds Linus, and Castello Manuel. *The Hacker Ethic and the Spirit of the Information Age*. London: Viking, 2001.

Perkins, David. "The Many Faces of Constructivism." *Educational Leadership* 57, no. 3 (1999): 6-11.

Phills, James A., Kriss Deiglmeier, and Dale T. Miller. "Rediscovering Social Innovation." *Stanford Social Innovation Review* (Fall 2008): 39.

Piller, Frank T. *Mass Customization*. Frankfurt: Gabler Verlag, 2006.

Pine, Joseph, and James H. Gilmore. *The Experience Economy: Work is Theater & Every Business a Stage, updated edition*. Boston, MA: Harvard Business School Press, 2011.

Poynor, R. "A Report from the Place Formerly Known as Graphic Design." *Print Magazine* 65, no. 5 (2011): 32.

Puccio, Gerard J., Roger L. Firestien, Christina Coyle, and C. Masucci. "A Review of the Effectiveness of CPS Training: A Focus on Workplace Issues." *Creativity and Innovation Management* 15, no. 1 (2006): 20.

Puccio, Gerard J., Marie Mance, and Mary C. Murdock. *Creative Leadership: Skills that Drive Change*, 2nd ed. Thousand Oaks, CA: Sage, 2011.

Puccio, Gerard J., Mary C. Murdock, and Marie Mance. "Current Developments in Creative Problem Solving for Organizations: A Focus on Thinking Skills and Styles." *Korean Journal of Thinking and Problem Solving* 15, no. 2 (2005): 43–76.

Radjou, Navi, Jaideep Prabhu, and Simone Ahuja. *Jugaad Innovation: Think Frugal, Be Flexible, Generate Breakthrough Growth*. New York: John Wiley, 2012.

Ray, Michael L., and Rochelle Myers. *Creativity in Business*. New York: Doubleday, 1989.

Reas, Casey, and Chandler McWilliams. *Form + Code in Design, Art, and Architecture*. Princeton, NJ: Princeton Architectural Press, 2010.

Research Councils UK. *Knowledge Transfer Categorisation and Harmonisation Project Final Report*. Swindon: Research Councils UK, 2007.

Revans, Reginald W. *The Origin and Growth of Action Learning*. London: Blond & Briggs, 1982.

Ries, Eric. *The Lean Startup: How Today's Entrepreneurs Use Continuous Innovation to Create Radically Successful Businesses*. New York: Crown Business, 2011.

Rittel, Horst W. J., and Melvin M. Webber. "Dilemmas in a General Theory of Planning." *Policy Sciences* 4, no. 2 (1973): 155–69.

Rittel, Horst W. J. "On the Planning Crisis: Systems Analysis of the 'First and Second Generation.'" *Bedriftsokonomen* 8, (1972): 390–96.

Rittel, Horst W. J., and Werner Kunz. *Issues as Elements of Information Systems*. Working Paper no. 131. Center for Planning and Development Research, University of California, Berkeley CA, July, 1970.

Roberts, Edward Baer. *Generating Technological Innovation*. Oxford: Oxford University Press, 1987.

Robinson, Ken. *The Element: How Finding Your Passion Changes Everything*. New York: Viking Penguin, 2009.

Rockström, Johan, Will Steffen, Kevin Noone, Åsa Persson, F. Stuart Chapin III, Eric F. Lambin, Timothy M. Lenton, Marten Scheffer, Carl Folke, Hans Joachim Schellnhuber et al."A Safe Operating Space for Humanity." *Nature* 461, no. 7263 (2009): 472–75.

Rogers, Everett M. *Diffusion of Innovations*, 5th ed. New York: Free Press, 1962.

Rogers, Kevin H., Rebecca Luton, Harry Biggs, Reinette (Oonsie) Biggs, Sonja Blignaut, Aiden G. Choles, Carolyn G. Palmer and Pius Tangwe. "Fostering Complexity Thinking in Action Research for Change in Social-Ecological Systems." *Ecology and Society* 18, no. 2 (2013): article 31.

Roos, Johan, and B. Victor. "Towards a Model of Strategy Making as Serious Play." *European Management Journal* 17, no. 4 (1999): 348–55.

Roos, Johan, Bart Victor, and Matt Statler. "Playing Seriously with Strategy." *Long Range Planning* 37 (2004): 549–68.

Rorty, Richard. *Contingency, Irony, and Solidarity*. Cambridge, MA: Cambridge University Press, 1989.

Rosenblueth, Arturo, Norbert Wiener, and Julian Bigelow. "Behavior, Purpose and Teleology." *Philosophy of Science* 10, no. 1 (1943): 18–24.

Rusk, M. "Meeting the Challenges of a Changing World." Paper presented at the 5th Association for Business Communication European Convention, Lugano, 2003.

Sarasvathy, S. *Effectuation—Elements of Entrepreneurial Expertise*. Northampton, MA: Edward Elgar, 2008.

Sarasvathy, Saras D. "Causation and Effectuation: Toward a Theoretical Shift from Economic Inevitability to Entrepreneurial Contingency." *Academy of Management Review* 26, no. 2 (2001): 243–63.

Schön, Donald A. *The Reflective Practitioner: How Professionals Think in Action*. New York: Basic Books, 1983.

Scott, Bernard. "Second-Order Cybernetics: An Historical Introduction." *Kybernetes* 33, no. 9/10 (2004): 1365–78.

Seddon, Peter, and Lewis Geoffrey. "Strategy and Business Models: What's the Dfference." In *7th Pacifc Asia Conference on Information Systems*, Adelaide, Australia, 2003.

Shirky, Clay. *Cognitive Surplus: How Technology Makes Consumers into Collaborators*. London: Penguin Books, 2010.

Siegel, Alan. "The Complexity Crisis." *Design Management Review* 23, no. 2 (2012): 4–14.

Simmons, T. "Hyundai/RCA: Design Process and Knowledge Exchange." In *The Horse is Dead, Long Live the Horse*, edited by RCA, 202. London: Royal College of Art, 2014.

Simon, Herbert A. *The Sciences of the Artificial*, 3rd ed. Cambridge, MA: MIT Press, 1996.

Simonsen, Jesper, Connie Scabo, Sara Malou Strandvad, Kristine Samson, Morten Hertzum, and Ole Erik Hansen. *Situated Design Methods*. Cambridge, MA: MIT Press, 2014.

Smith, Adam. *An Inquiry into the Nature and Causes of the Wealth of Nations*. Chicago, IL: University of Chicago Press, 1776.

Smith, Adam. *The Wealth of Nations*. Harmondsworth: Penguin Classics, 1776.

Snow, Charles P. *The Two Cultures*. Cambridge: Cambridge University Press, 1959.

Sotamaa, Yrjo. "Kyoto Design Declaration." *Cumulus 2008*, Tokyo, Japan. March 28, 2008.

Sotamaa, Yrjo. "The Kyoto Design Declaration: Building a Sustainable Future." *Design Issue* 25, no. 4 (2009): 51–53. DOI: https://doi.org/10.1162/desi.2009.25.4.51.

Stachowiak, Herbert. *Allgemeine Modelltheorie*. Vienna: Springer,1973.

Stähler, Patrick. "Business Models as an Unit of Analysis for Strategizing." *International Workshop on Business Models*, Lausanne, Switzerland, 2002.

Steinberg, Marco. "Design Policy: A Perspective from Finland." Paper presented at Helsinki Global Design Lab, 2010.

Sutton, Robert. "The Weird Rules of Creativity." *Harvard Business Review* 79, no. 8 (2001): 94–103.

Tapscott, D., and A. D. Williams. *MacroWikinomics: Rebooting Business and the World*. London: Penguin Books, 2010.

Tavikulwat, P., and Pillutla, S. "A Constructivist Approach to Designing Business Simulations for Strategic Management," *Simulation Gaming* 41, no. 2 (2008): 208–30.

Terrey, N. "Design Thinking Situated Practice: Non-designers—Designing." In *Proceedings of the 8th Design Thinking Research Symposium (DTRS8)*, edited by Kees Dorst et al., 369–80. Sydney: NSW, 2008.

Thompson, G. "The Reduction in Plant Maintenance Costs Using Creative Problemsolving Principles." In *Proceedings of the Institution of Mechanical Engineers, Part E: Journal of Process Mechanical Engineering* 215, no. 3 (2001): 185–95.

Turner, R., and A. Topalian. "Core Responsibilities of Design Leaders in Commercially Demanding Environments." *Inaugural presentation at the Design Leadership Forum*, London, organized by Alto Design Management 2002.

Ulrich, Werner. "Critical Heuristics of Social Systems Design." In *Critical Systems Thinking: Directed Readings*, edited by R. L. Flood and M. C. Jackson, 276–83. Chichester: John Wiley, 1987. Reprinted in 1991.

Ulrich, Werner. "Zur Metaphysik der Planung. Eine Debatte zwischen Herbert A. Simon und C. West Churchman." *Die Unternehmung* 33, no. 3 (1979): 201–11.

Ure, Andrew. *The Philosophy of Manufactures, or, an Exposition of the Scientific, Moral, and Commercial Economy of the Factory System of Great Britain*, reprinted 2010. Whitefish, MT: Kessinger Publishing LLC, 1835.

Van Abel, Bas. *Open Design Now: Why Design Cannot Remain Exclusive*. Amsterdam: BIS Publishers, 2012.

Van Gogh Museum. "Vincent Van Gogh the Letters." Amsterdam, Huygens ING, The Hague, 2009. http://vangoghletters.org/vg/copyright.html.

Verganti, R. *Design-Driven Innovation: Changing the Rules of Competition by Radically Innovating What Things Mean*. Cambridge, MA: Harvard Business Press, 2009.

Verganti, Roberto. "Design, Meanings, and Radical Innovation: A Meta- model and a Research Agenda." *Journal of Product Innovation Management* 25 (2008): 436–56.

Verganti, Roberto. *Design Driven Innovation: Changing the Rules of Competition by Radically Innovating What Things Mean*. Boston, MA: Harvard Business Press, 2009.

Vester, Frederic. *The Art of Interconnected Thinking*. Munich: MCB Verlag, 2007.

Von Hippel, Eric. *Democratizing Innovation*. Cambridge, MA: MIT Press, 2005.

Walter-Herrmann, J., and Corinne Büching, eds. *FabLab: Of Machines. Makers and Inventors*. Bielefeld, Germany: Transcript, 2013.

Wang, J. "The Importance of Aristotle to Design Thinking." *Design Issues* 29, no. 2 (2013): 4–15.

Watson, G. H. "Peter F. Drucker: Delivering Value to Customers." *Quality Progress* 35, no. 5 (2002): 55–61.

Weber, M. *General Economic History*. New York: Courier Dover Publications, 1927.

Weick, Karl E. "Design for Thrownness." In *Managing as Designing*, edited by R.J. Boland and F. Collopy. Stanford, CA: Stanford University Press, 2004.

Welz, Gisela. "The Cultural Swirl: Anthropological Perspectives on Innovation." *Global Networks* 3, no. 3 (2003): 255–70.

Wenger, Etienne C., and William M. Snyder. "Communities of Practice: The Organizational Frontier." *Harvard Business Review* 78, no. 1 (2000): 139–45.

Wenger, Etienne. *Communities of Practice: Learning, Meaning and Identity*. Cambridge: Cambridge University Press, 1998.

Willis, Karl D. D., Cheng Xu, Kuan-Ju Wu, Golan Levin, and Mark D. Gross. "Interactive Fabrication: New Interfaces for Digital Fabrication." In *Proceedings of the Fifth International Conference on Tangible, Embedded, and Embodied Interaction, Funchal, Portugal*, 69–72. January 22–26, 2011.

Wood, Gordon S. *The Purpose of the Past: Reflections on the Uses of History*. New York: Penguin, 2008.

Youngjin Jr., Y., R. J. Boland, and K. Lyytinen. "From Organization Design to Organization Designing." *Organization Science* 17, no. 2 (2006): 215–29.

Yunus, M. "What is Social Business?" In *Design for (Social) Business*, edited by J. Faust and V. Auricchio, 20–22. Milan: Lupetti, 2011.

词语对照索引

* 本索引根据英文版译出，并按汉语拼音排序。其中人名按中译名姓氏拼音排序；所指页码为英文版页码，即本书边码。

译后记

感谢每一位读到此处的读者。

从 2016 年底选题申报，到 2019 年暑假交付审校，这项翻译工作伴随我从管理学院毕业生到设计学院教师的身份转变。这几年在学院的工作中，我有幸现场聆听了理查德 · 布坎南、肯 · 弗里德曼等书中学者的讲座。浸润在多学科融合的设计学院，借着本书的翻译和学习契机，我尝试着在“管理”的镜头加上“设计”滤镜，去审视“商业”系统及其中“人、机、料、法、环、测”等要素。[1]

本书英文名以 Designing 开始，中文名选择“设计”一词，现在想来并未尽其意。反思实践理论的提出者——唐纳德 · 舍恩 (Donald A. Schön) 对 designing 有着偏好，将其视为设计者和情境材料之间的对话。[2] 从狭义上看，设计提供了一种生动的方式来理解约翰 · 杜威 (John Dewey) 所说的“探究”——塑造问题情境，“创造新的环境条件，引发新的问题”。本书各篇文章的作者有的来自设计学院，有的来自管理学院。他们选取了不同视角和维度，介绍设计概念的变迁，讨论设计和管理的共性与区别，描述商业环境中设计的相关性和影响力，在对设计商业问题情境的塑造中，勾勒商业情境中设计的范畴和局限。

从广泛意义上看，设计构成了所有专业实践的核心。司马贺提出，“人人都在设计，人们构思行动方案，期望改变形势使其对自己有利。生产物质性人造物，为病人开药方，为公司制订新销售计划，为国家制订社会福利政策等，这些智力活动并无根本性不同。如此解释的设计是所有专业训练的核心……工程学院像建筑学院、商学院、教育学院、法学院、医学院一样，主要关心设计过程。”[3] 因此，一种实践的认识论必须是一种设计的认识论。[4] 本书也相应地收录了对设计教育、管理教育的讨论文章，探讨在设计学院、商学院和管理学院培养专业人才的挑战。

[1] 此处借用全面质量管理理论，向我的博士导师、质量管理专家尤建新教授致谢。

[2] Donald A. Schön, *The Reflective Practitioner: How Professionals Think in Action* (New York: Basic Books, 1983).

[3] 司马贺 . 人工科学：复杂性面面观 [M]. 武夷山译 . 上海：上海科技教育出版社 , 2004.

[4] Donald A. Schön, “The Theory of Inquiry: Dewey's Legacy to Education,” *Curriculum Inquiry* 22, no. 2 (1992): 119-139.

我们希望本书能贡献于在社会化商业、社会创业、创新研究、设计管理、社会设计、组织设计和设计研究之间跨学科研究中的快速发展领域。本书作为设计管理领域最新研究论文的汇编，为相关领域的研究和教学提供参考，也为中国本土对设计管理的应用实践提供借鉴。

在此，我还要感谢本书翻译过程中给予指导的同事们。他们是促成和鼓励此项翻译工作出版并在每次碰到瓶颈时施以援手的娄永琪教授和马谨博士，帮助和支持我在设计学院开展跨学科教学研究工作的设计战略与管理方向负责人的徐江教授和创新设计与创业方向的负责人马钧教授，不厌其烦地审阅和修订翻译稿的周慧琳博士和谢怡华老师。本书的翻译过程对于我是一次学习过程，而现在的出版也像是作业提交至检核，希望得到读者的批评和指正。

范斐

2021 年 9 月 26 日

于同济大学设计创意学院

图书在版编目（CIP）数据

设计商业与管理 /（德）萨宾娜·永宁格，（德）尤根·福斯特编著；范斐译 . -- 上海：同济大学出版社，2022.8
（一点设计）
书名原文：Designing Business and Management
ISBN 978-7-5765-0077-6

Ⅰ. ①设 Ⅱ. ①萨 ②尤 ③范 Ⅲ. ①设计学–管理学 Ⅳ. ① TB21

中国版本图书馆 CIP 数据核字 (2022) 第 009760 号

设计商业与管理
[德] 萨宾娜·永宁格 (Sabine Junginger) [德] 尤根·福斯特 (Jürgen Faust) 编著
范斐 译

出品人: 金英伟
责任编辑: 袁佳麟 卢元姗
特约编辑: 谢怡华
装帧设计: 胡佳颖 张心怡
责任校对: 徐春莲
出版发行: 同济大学出版社
地址: 上海市杨浦区四平路 1239 号
邮政编码: 200092
网址: http://www.tongjipress.com.cn

经销: 全国各地新华书店
版次: 2022 年 8 月第 1 版
印次: 2022 年 8 月第 1 次印刷
印刷: 上海雅昌艺术印刷有限公司
开本: 889mm×1194mm 1/32
印张: 8.5
字数: 228000
书号: ISBN 978-7-5765-0077-6
定价: 68.00 元